JN206639

★たくさんの不思議を持つ水草

４０％以上の水草が絶滅を危惧されています。水草を守るには，人と自然の共存環境を整えることが求められています。

デンジソウ

およそ１億6000万年前に誕生したと言われ，身近な水田や池などに生育しています。しかし，水田での除草剤使用などから，近年では個体数の減少が危惧されています。
(→Q1, Q26参照)

ムジナモ

ハエトリグサと同じモウセンゴケ科に属する食虫水草。虫を食べるということから，強そうな印象を受けるかもしれませんが，実は，水質汚濁により姿を消しつつある絶滅危惧種です。
(→Q5, Q14, Q15, Q26参照)

オニバス

世界最大級の葉を持ち，直径が２mに及ぶことも……。国内では70か所余りが生育地として現存しますが，安定した生育地が減少する恐れもあります。環境省「レッドリスト2018」では絶滅危惧Ⅱ類に指定されています。
(→Q7, Q10, Q47参照)

ウキクサの仲間

小さな個体が水面に浮かんで生育し，鳥の足に付着したりして，植物体そのものが移動の手段となります。その中でもミジンコウキクサ（写真）は特に小さく（直径0.5mmほど），世界最小の種子植物です。（→Q5, Q10, Q12 参照）

ミズアオイ

水路の改修や除草剤の使用などによる生育環境の悪化から，「レッドリスト2018」では準絶滅危惧種に指定されています。しかし，土壌が攪乱されることなどにより，埋土種子から発芽・出現することもあります。

（→Q30, Q32, Q33, Q39 参照）

カキツバタ

日本では古くから親しまれ，「万葉集」や「伊勢物語」の中で詠まれたり，美術作品の題材に取り上げられることも多い水草です。しかし，「レッドリスト2018」では準絶滅危惧種に指定されています。　（→Q5, Q38, Q41 参照）

★水草の絶景ポイント（→Q46）

安曇野(あずみの)湧水群：バイカモ，ミズハコベなど（長野県安曇野市，本文 221 ページ参照）

地蔵川：バイカモ
（滋賀県米原市，本文 225 ページ参照）

沖縄西表島(いりおもてじま)祖納(そない)
：リュウキュウスガモ，ウミショウブなど
（沖縄県八重山郡竹富町，本文 223 ページ）

神仙沼(しんせんぬま)：ウキミクリ

（北海道岩内郡共和町，本文 223ページ）

富津干潟：アマモ

（千葉県富津市，本文 223 ページ）

★バイカモやオニバスが見られる名所（→Q47）

福島潟（新潟県新潟市）

上：航空写真による全景

右：盛夏の頃，生育したオニバス

（第13回福島潟フォトコンテスト受賞作「盛夏」，小川正治氏撮影）

福島潟のオニバスは，干拓事業や環境の変化により激減し，昭和 40 年代にいったんは姿を消しました。しかし，昭和 63 年再発見以降の保護増殖活動により，今では毎年順調な生育を見ることができます。

（写真提供：2 枚ともに水の駅「ビュー福島潟」）

★野外で水草を観察するコツ（→Q50）

水草は，平地から高山，農村部から都市部，川から海まで，実にさまざまな水域に生育しています。探索・観察するための大切なポイントとその際の注意点をまとめました。

水草を発見する感動，水草に触れて観察する面白さを体験してください。

これだけは絶対に守って！

- **採集は，最小限の量に！**
- **国立公園，国定公園，保護区域などでは採集しない。**
- **採集した水草は，野外に戻さない！　増殖して余剰が出た場合は，燃えるゴミとして処分する。**
- **栽培に使用した土や水も，種子や胞子や植物体の一部が残っている可能性があるので，野外には戻さない。**

水田　身近だけどあなどれない面白さ！

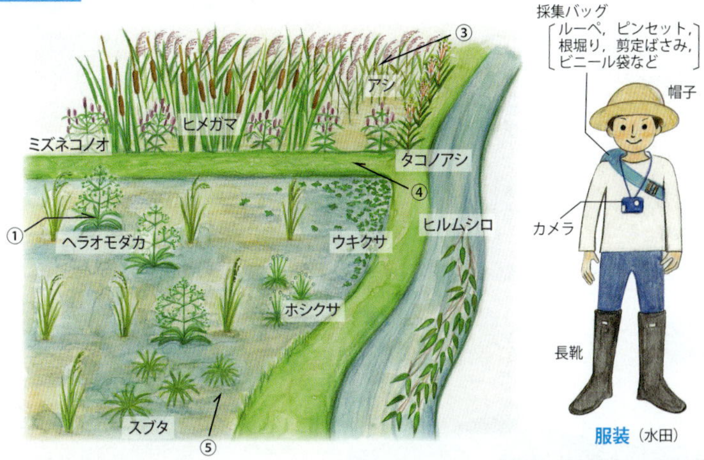

（作画：奥村朝美，他同様）

どのような場所を探す？

①稲以外の植物が生えている。
②周囲が谷状の谷津（谷戸）になっている，湧き出た水が入り込む，秋〜冬も水を蓄えている湿田など。
③耕作をやめて１〜２年くらいのアシやガマに覆われていない休耕田。

現場に着いたら…

④畦（あぜ）が壊れやすいところは，歩かない。
⑤畦（あぜ）から近いところにいなければ中央部にもいないので，別の水田に向かおう。

水草が見つかったら…

⑥水田に生きる水草の多くは一年草で，初夏に発芽して，初秋までに種子をつくる。花や実を付けていることが多いので，じっくり観察する。

注意点！　私有地なので，ことわりを入れてから観察を。畦（あぜ）を壊さない。

ため池　全国に20万か所 !? いろいろな水草が見られる，一押しエリア！

服装（ため池，湖沼，湧水の川）

どのような場所を探す？

①地図上でため池の場所を確認しよう。たくさん回るのがコツ。

現場に着いたら…

②ぱっと見て水草の姿が確認できなければ，あきらめる。「いない場所にはいない」，それがため池。
③谷筋に作られている場合，上流部と下流部は環境が異なるので，どちらも探索しよう。

水草が見つかったら…

④ため池ごとに見られる水草の種類は違う。一緒に見られる水草の組み合わせも注目！
⑤どのように水を貯めているのか？水がどこから来るのか？水質は？底の土は？など，ため池そのものの特徴も観察しよう。

注意点！ **水深が深い場所，泥深い場所はとても危険，浅い場所でも棒などで確認を！ 一人では行かない。**

湖 沼　スケールの大きな水域，水草生息地の王道！

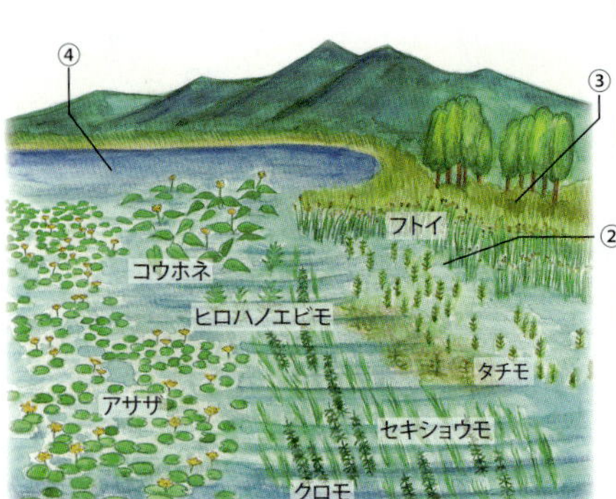

どのような場所を探す？

①ほとんどの湖沼に水草はいる。まずは安全に近づける場所を探し，岸辺に漂着している水草がないかを確かめる。

現場に着いたら…

②入り組んだ湾処や砂州がある場所から探索。
③湖沼に流れ込む河川や周辺の水路なども探索。
④深い場所では，ロープ付きの熊手を沈めて引き上げる。

水草が見つかったら…

⑤水深と透明度と，水草の種類や形に注目してみる。
→水深が深くても，水の透明度が高ければ，生きられる。
→ただし，浮葉を水面に浮かべたり，水面に花を咲かせるには，柄を長く伸ばす必要があるので，その変化にも注目！

注意点！ **大きな湖は，岸辺から近づくよりもボートで岸辺に近づく方が安全！**

湧水の川　美しさを求めるならココ！天然の水草アクアリウム。

どのような場所を探す？

①大きな河川よりも，小さな河川。「湧き水がきれい」で有名な場所。地図上であらかじめ確認できる小さな河川がたくさん流れている扇状地など。

現場に着いたら…

②透明度が高いので，岸辺から見れば水草がいるかどうかはすぐにわかる。

③低い水温，強い流れを感じながら，箱めがねなどを使って探索する。

水草が見つかったら…

④強い流れの中で，茎や根が砂や砂利にどのように固着しているのか，その様子も確認しよう。岸辺にも，水中と同じ種類の水草がいることもあります。その姿形の変化を，注意して見てみよう。

注意点！　流れのある場所で胴長は危険！ 浅い場所に限って使用し，夏場ならマリンシューズも良い。

温帯の海（干潟・岩礁）　家族で遊んで学ぶのに最適！海の生物の宝庫。

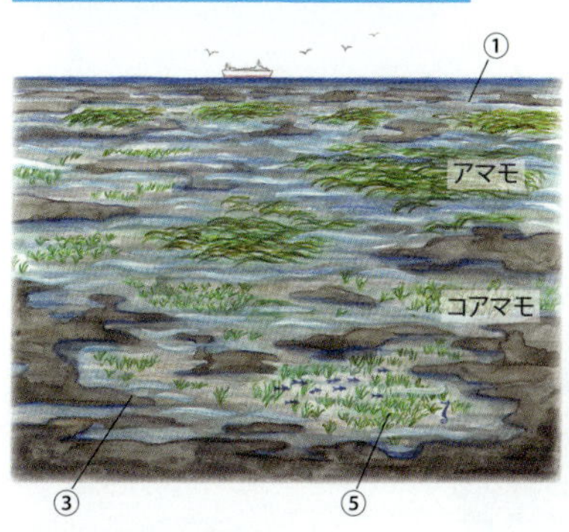

どのような場所を探す？

①波が少なく穏やかな湾の海岸，遠浅の干潟，防波堤の内側。

②磯場遊びで賑わっている場所の近く。

現場に着いたら…

③潮汐表を確認して水深が 20cm 程度以下（0cm 程度がベスト）になる時間に探索。

④岩と海藻の間に鮮やかな緑色が見えたら可能性大。

水草が見つかったら…

⑤アマモ場は「海のゆりかご」。群落の中や葉の上に生育するたくさんの生物もじっくり観察。

注意点！　安全に立てる場所で観察する。

熱帯の海 南国の海に行くなら，最高の場所！

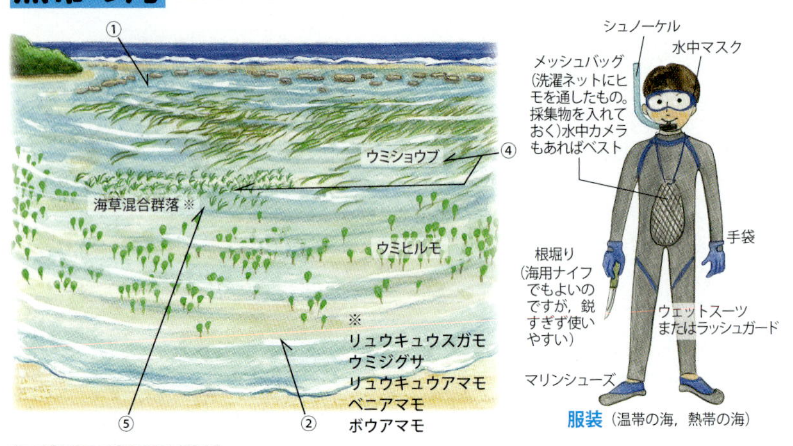

服装（温帯の海，熱帯の海）

どのような場所を探す？

①サンゴ礁のあるラグーンの砂地。(熱帯・亜熱帯の波静かな海岸の多くが該当)

→沖縄県の多くの場所。東南アジア，太平洋の島々，オーストラリア・ケアンズなど。

現場に着いたら…

②潮汐表を確認して水深が 20cm 程度以下（0cm 程度がベスト）になる時間に探索。

③海の気持ちよさを体全体で感じる。

④群落内の生物とともにじっくりと観察。

水草が見つかったら…

⑤波静かとはいえ，海水は激しく動く。その環境の中で生きられる理由を，葉や茎や根の様子を観察して考えよう。

⑥花を探そう。海中や海面で花を咲かせるのは世界で約５０種のみ。レアな体験ができるチャンス！

注意点！ 安全に立てる場所で観察する。

★レア中のレア！ “海の水草の花”

リュウキュウスガモの雌花
(写真撮影：槐ちがや，ミャンマーにて)

みんなが知りたいシリーズ⑩

水草の疑問50

国立科学博物館 筑波実験植物園 田中法生 監修
水草保全ネットワーク 著

成山堂書店

はじめに

水草は，水の中で生活しています。
水草なのだから当たり前のことだと思われるかもしれません。
それでは，もしも私たち霊長類の一種が水中で暮らしていることがわかったらどう思われますか？　驚愕，興味，懐疑……世界を揺るがす一大事件です。残念ながら，そのような霊長類は見つかっていませんが，これは決して空想だけの話ではなく，植物の世界では実際に起こっているのです。
桜，ひまわり，杉，ワラビなど，私たちがふつう「植物」と呼んでいるものは，陸上にいます。その中から，水中で暮らすように進化した植物，それが水草なのです。

水草が水の中で生活している――当たり前のこととして捉えてしまえば，単なる水に漂う草です。しかし，その祖先が陸上の植物であることを知れば……なぜ水中で生きられるの？　どんな水でも生きられるの？　空気はなくても大丈夫なの？　水の中でどうやって花を咲かせているの？……疑問が次々に湧いてきます。

本書は，水草の世界の様々な不思議－不思議なはずなのに，それに気づく機会がなかった疑問－を掘り起こし，それを専門とする執筆者が答える形式で展開されています。

水草の生態や進化はもちろん，水草を衣食住に利用する文化や，水槽で楽しむ趣味の世界まで，水草の世界を見渡し，その面白さと奥深さを十分に知っていただけるように構成を工夫しました。さらに，消えゆく水草を守るための基本的な知識を得たり，水草を観察するためのガイドとしての役割も持たせています。

水草は，たくさんの不思議を持つ魅力的な生物です。そして私たちのごく身近にいて，みなさんが興味をもって近づいてくれることを待っています。本書が，みなさんにとって，水草の世界に広がる「疑問」を楽しむきっかけとなればたいへんに幸せです。

2018年9月

著者を代表して　田中法生

執筆者一覧（五十音順，＊は監修者）

川住　清貴	………	Q14/Q15/Q37/Q38/Q39/Q44/Q45
久原　泰雅	………	Q7/Q22/Q23/Q24/Q25/Q26/Q27/Q31/Q32/Q47 Q48
厚井　　聡	………	Q12/Q13/Q16/Q17
＊田中　法生	………	Q1/Q2/Q8/Q9/Q10/Q11/Q18/Q19/Q20/Q30/Q34 Q35/Q36/Q42/Q43/Q46/Q50
中田　政司	………	Q33
藤井　聖子	………	Q3/Q4/Q5/Q6/Q21/Q28/Q29/Q40/Q41/Q49

＊本文に掲載している写真で特に表記の無いものは，その項目の執筆者提供，撮影によるものです。

目　次

はじめに……………… i
目　次………………… iv

Section 1　水草の基本

Question　1 …………………………………………………… 2
水草ってどんな生き物ですか？
水草は植物界のクジラ / 陸上から水中への進出は 200 回 / 水草はいつごろ誕生したのか / 花の咲く水草の登場

Question　2 …………………………………………………… 10
地球上に水草は何種類いるの？
なぜ少ない？ / 水草と陸上の植物の境界

Question　3 …………………………………………………… 12
陸上の植物は水中で生きていけませんか？
陸上の植物を水に沈めると……，腐ってしまいます。/ なぜ水草は水中で生きていけるのか？

Question　4 …………………………………………………… 15
水草は水の中で生きるためにどんな特殊能力を持っているの？
特殊能力を身に付けているのは水草の中でも沈水植物！ / 沈水植物でも種によって利用できる二酸化炭素の形態（光合成炭素源）が違う

Section 2　水草の生態

Question　5 …………………………………………………… 22
水草にはどんな「生活様式」がありますか？
水草には様々な生活様式があり，大きく 4 つの生活形に分けることができます。

Question　6 …………………………………………………… 28
水上の葉と水中の葉で形を変えるって本当？
水位変動に応じて姿を変える驚くべき水草の特殊能力，その名は「異形葉」

Question 7 …… 31
水草はどのように冬を越しますか？
水草の越冬方法 / 種子での越冬 / 殖芽による越冬 / 水草の様々な越冬戦略

Question 8 …… 39
水草も花を咲かせますか？
花は水に弱い / 水上に咲かせる工夫

Question 9 …… 42
水中で花を咲かせる水草がいるって本当ですか？
水面を使う / 水中を花粉が漂う / 水媒送粉の進化 / 花粉が体を突き抜ける

Question 10 …… 50
水草はどのように移動しますか？
植物体が移動する / 種子をいかに運ばせるか / 水による散布 / 魚に運ばれる？

Question 11 …… 54
渡り鳥も水草を運ぶって本当ですか？
渡り鳥に乗って長距離を移動する / 水草は世界中を移動する

Question 12 …… 59
世界最大の水草・最小の水草を教えてください。
水草最大の葉を持つオオオニバス / 最も小さな水草はミジンコウキクサ

Question 13 …… 61
水草の体の作りは，陸上の植物と違うのですか？
陸上植物の体の基本 / 水草では / さらに特殊な進化

Question 14 …… 67
水草が虫を食べるって本当ですか？
食虫植物はなぜ虫を食べるのか / ムジナモについて / タヌキモ類について

Question 15 …… 74
強そうな食虫水草が絶滅危惧種って本当ですか？

Question 16 …… 77
水草も紅葉しますか？
紅葉とは / 紅葉する水草

Question 17 …… 81
世界一美しい「五色の川」とは？
川の中で紅葉するカワゴケソウ科 / 五色の川

Question 18 …… 85
水草は海にもいますか？
海藻サラダと海草サラダ / 水草の中でも少数派 / 淡水から海水への進出

Question 19 …… 88
海草はなぜ海水中で生きられるのですか？
海中で生きられる理由 / 海でどのように花を咲かせるか

Question 20 …… 93
海草は広い海をどのように移動しますか？
海草の移動方法 / アマモは海流で移動する / 海流はどこまで運べる？

Section 3　水草の環境・減少する水草

Question 21 …… 100
生えている水草で環境がわかるって本当ですか？
環境がわかる唯一の水草 / 生えている水草で pH はわかるのか？ / 生えている水草で pH 以外の環境を想像しよう！

Question 22 …… 103
水質汚濁はどのようにして起こりますか？
水質汚濁とその原因

Question 23 …… 107
水草は水質浄化に役立つのですか？
湿地生態系とその役割 / 水草による水質浄化 / 今後の課題

Question 24 …… 111
日本の水草の半分近くが絶滅しそうって本当ですか?
驚異的な速さで進む生き物の絶滅 / 絶滅しそうな生き物を集めたリスト：レッドリスト

Question 25 …… 117
絶滅してしまった水草はありますか？
野生絶滅種コシガヤホシクサの野生復帰 / 野生復帰に求められること

Question 26 …… 121
なぜ水草は減少しているのですか？
湿地の埋め立てや河川などの護岸 / 水田の乾田化や除草剤の使用 / 水質汚濁 / 人との関わりの変化（管理放棄）

Question 27 …… 126
増えている水草もありますか？
増加傾向にある水草 / 保全活動により増えている水草

Question 28 …… 130
水草にも外来種がある？
そもそも外来種ってなあに？ /「特定外来種」に指定されている植物16種のうち半数が水草

Question 29 …… 137
ビオトープやアクアリウムが外来種問題の原因？

Question 30 …… 140
東日本大震災の影響は水草にもありましたか？
アマモの消滅 / 希少な水草が次々に出現 / 水草の生育環境の原点 / 出現した植物をいかにして守るか / 水草の時間軸で考える

Question 31 …… 148
古代ハスって何ですか？
大賀ハスの発見とその経緯 / なぜハスの果実は長寿なのか

Question 32 …… 152
ハス以外の水草の種子も長い間生存できるの？
未来に託される種子 / 土壌シードバンクを利用した湿地再生の取り組み

Section 4　水草を利用する・楽しむ

Question 33 …… 158
水草は食べられますか？
古くから野菜として食べられていた水草 / 地下茎は野菜，花は観賞，実は薬になるハス / 葛飾北斎の健康食 / 中国のユニークな食材，海菜花とマコモタケ / 浮稲 / 薬にされる水草

Question 34 …… 165
水草を祀る祭りがあるって本当ですか？
水草を祀る祭り / アマモ無垢塩祓い

Question 35 …… 169
生活に利用されている水草を教えてください。
水草に住む / 水草を着る / 水草に書く / 水草に癒される / 水草で拭く

Question 36 …… 175
芸術と水草の関係とは？
絵画の中の水草 / 家紋が水草 / 楽器にも

Question 37 …… 179
ハスとスイレンの違いを教えてください。
ハスとは / スイレンとは / ハスとスイレンは他人の空似

Question 38 …… 185
アヤメも水草？　カキツバタ・ノハナショウブ・ショウブとはどう見分けるの？
花が咲いている場合 / 葉で見分ける場合

Question 39 …… 188
ミズアオイとコナギの違いも教えてください。

Question 40 …… 190
室内で手軽に水草を育てるにはどうしたらいい？
小さな器，ガラスの器でお手軽に育てよう！（初心者向け）

Question 41 …… 198
屋外で水草を楽しむにはどうしたらいい？
四季を感じるウォーターガーデニング / 水鉢で楽しむ

Question 42 …… 203
育てるのが簡単な水草を教えてください。

Question 43 …… 205
育てるのが難しい水草を教えてください。
水草の栽培保全 / 栽培困難水草 / 清流のバイカモをいかに育てるか / 海草 / 激流をいかに再現するか—カワゴケソウ科 / 栽培方法は自生地から学ぶ

Question 44 …… 213
ビオトープとはどういうものですか？
ビオトープは環境保全の指標 / ビオトープは繋がりが大切

Question 45 …… 216
ビオトープってどうやって作ればいいの？
理想的なビオトープの作り方 / 即席田んぼビオトープ

Question 46 …… 221
水草の絶景ポイントを教えてください。
湧水系 / 湖沼 / 珊瑚礁ラグーン / 湿原 / 干潟

Question 47 …… 225
バイカモやオニバスが見られる名所はどこですか？
バイカモが見られる名所 / オニバスが見られる名所

Question 48 …… 227
水草が見られる植物園・水族館はどこですか？
水草が見られる植物園 / 水草が見られる水族館

Question 49 …… 232
逸出を防ぐためのルールを教えてください。
逸出を防ぐためのルール

Question 50 …… 234
野外で水草を観察するコツを教えてください。

引用・参考文献 …… 235
索　引 …… 241

Section 1 水草の基本

水草ってどんな生き物ですか？

Question　1

Answerer　田中 法生

水草を定義すると，「陸上から水中へ逆戻りの進化をした植物で，一定期間葉や茎の一部が水中にあるか，または水面に浮いている植物」となります。「葉や茎の一部が水中にあるか，または水面に浮いている」はわかりやすいと思いますが，「水中へ逆戻り」とは，一体どういうことでしょうか？　実はこれが水草の最も大きな特徴であり，その面白さを生み出す根源となっているのです。

水草は植物界のクジラ

46 億年前に地球が誕生し，40 億年前には水中で生命が誕生したと考えられています。その後，約 12 億年前に植物が誕生したのも水中でした。その水中で植物は複雑な進化をして，ついに 5 億年ほど前に車軸藻類や接合藻類というグループから，陸上への進出が起こりました。この後に誕生するのが，みなさんになじみの深いコケ植物，シダ植物，種子植物です。特に，種子植物の中でもはっきりとした花を咲かせる被子植物は，昆虫の爆発的な多様化と相互的に進化を起こし，極めて多様な種に分かれていきました。

さて，ここで注目していただきたいのは，進化の大きな流れです。植物だけでなく動物でも，生命が地球上に誕生してからの進化は，水中→陸上という方向にあり，いかに水中から陸上へ進出するか，ということが 1 つの重要な課題であったと言えます。ところが，この大きな流れに逆らって，せっかく水中→陸上へと進出した後に，再び陸上→水中へと戻った生物がいます。陸上の爬虫類から水中へ進出した魚竜の仲間（現在は絶滅），哺乳類から水中へ進出したクジラ・イルカ，そして水草です。つまり水草は，「植物界のクジラ」とも言うべき不思議な進化を遂げた生物なのです。

また，陸上から逆戻りしたのが水草ですから，植物の誕生以来ずっと水中で生活している藻類（ワカメ，コンブ，アサクサノリ，アオミドロなど）は，水草ではありません（Q18 参照）。

陸上から水中への進出は 200 回

さらに驚くのは，陸上→水中という進化が起こった回数です。クジラとイルカは同じ仲間で，みな同じ祖先から誕生しています。つまり，陸上→水中への進化の回数は 1 回と考えられます。その視点で見てみると，水草は，類縁ごとにまとめられた植物グループ（例えば，キク科，ラン科など）のようなものではなく，様々な陸上植物のグループの中から，水中へ進出する進化が何回も起こって誕生した植物の総称なのです。ですから，形が同じように見える 2 種類の水草があったとしても，それぞれが異なる陸上の植物の祖先を持つ場合があります。言い換えれば，それぞれが全く別の時間に別の場所で別の祖先から水中への進化を果たした可能性があるのです（**図 1-1**）。

図 1-2 は，被子植物の進化の道筋を表している系統樹というものです。図の左上がこの系統樹の最も祖先にあたり，「根（ね）」と表現します。そこから，進化の過程で様々な系統に分かれて，様々な種に分かれていく様子を，樹木が次々に枝分かれをして伸びていく様子になぞらえて，系統樹と呼んでいます。

これを見ると，かなり多くの目（もく）が水草を含んでいる，つまり，

図 1-1　どれとどれが仲間

この 4 種類の植物，どれとどれが類縁が近いと思いますか？　a と b は同じ属，c と d は同じ科で親戚関係にあります。糸状の細かい葉をした a と b は，一見すると似ていますが，類縁の遠い“赤の他人”です。このような例は他にもたくさんあります。
a）バイカモ，b）キツネノボタン（a，b ともキンポウゲ科キンポウゲ属），c）キクモ（オオバコ科シソクサ属）〔写真撮影：小野莽記〕，d）オオバコ（オオバコ科オオバコ属）

多くの目の中で水草が誕生していることがわかります。

ところが，これだけではありません。被子植物は世界に 35 万種ほどが知られていますから，実際にはこの系統樹の枝先は 35 万に分かれます。その細かい細かい枝先まで辿っていくと，陸上→水中への進化，つまり水草の誕生の回数は，200 回を超えるというのです[1)]。いかに多くの被子植物のグループから水草が誕生したかを示す衝撃的な数字です。

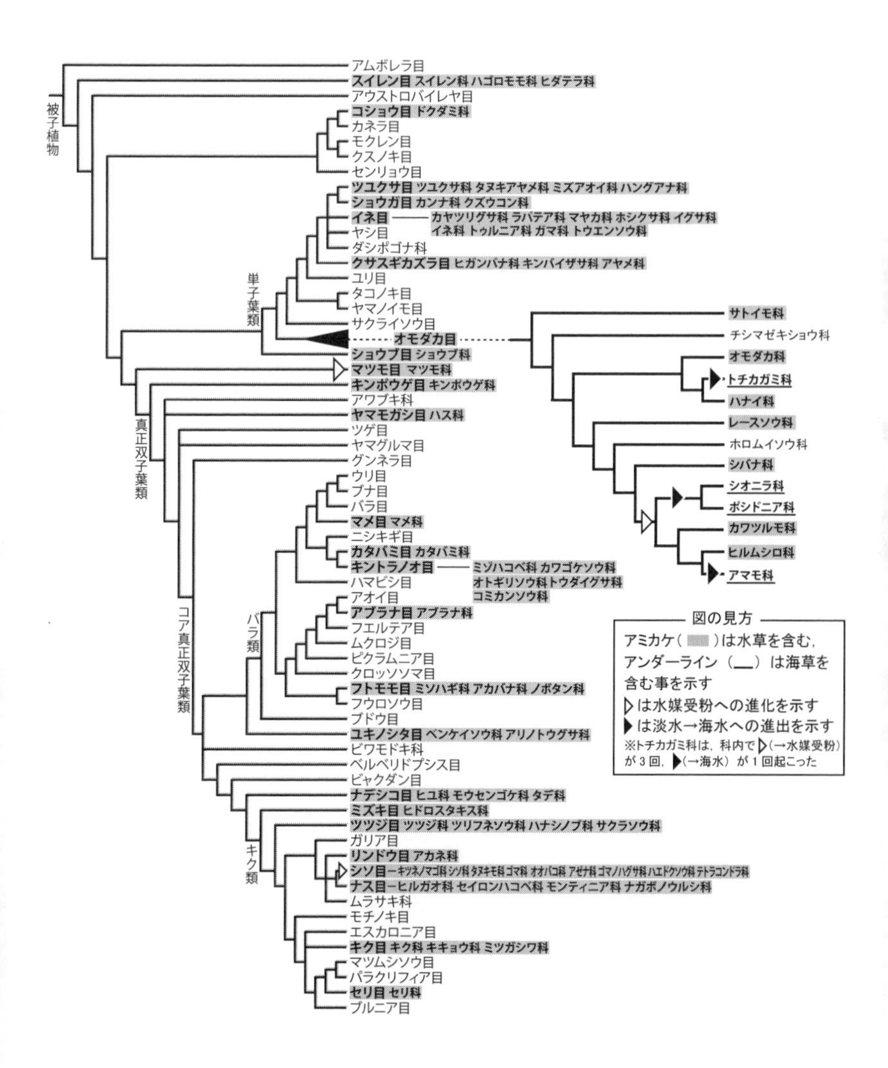

図 1-2　被子植物の中での水草の進化

図の左から右へ向かって，時間が過去から現在へ近づいていると考えてください。水草を含んでいる目（もく）は太字で示され，その中にある水草を含む科が右横に示されています。

水草はいつごろ誕生したのか

200 回を超える水草の誕生の歴史を，過去から辿って見ていきます。現存する水草の中で，地球上に最初に現れた水草は，コケ植物と考えられます。コケ植物が誕生したのは，およそ 4 億 5000 万年前と推定されています。その中から水中で生活する種類が登場した時期は明らかではありませんが，およそ 3 億年前と考えておきましょう。

次に古いグループはシダ植物の水草と考えられます。その中でも，湿地などに生育するミズニラの仲間（**図 1-3**）は，およそ 1 億 9000 万年前に出現したことが推定されており，最も古くから生き続けている水草の 1 つとして有力です。シダ植物のグループとしては，つくしんぼを作るスギナの仲間が含まれるトクサ属はさらに古く，およそ 3 億年前に誕生しています。そのため，その 1 種である水草のミズドクサも古そうなのですが，意外にもその誕生は最近で，新生代第四紀（約 260 万年前〜現在）に起こったという研究結果が出ています。むしろ，水田や池などに生育するデンジソウやサンショウモの仲間の方が古く，およそ 1 億 6000 万年前に誕生したと推定されています[2)]。

このデンジソウはデンジソウ科に含まれ，サンショウモは，水面に浮いて生活するアカウキクサの仲間とともに，サンショウモ科に含まれます（**図 1-4**）。この 2 つの科は，いずれもすべてが水草であり，胞子の特徴も似ているという共通点を持ちながらも，見た目はずいぶんと違います。そのため，類縁が近いのか遠いのか，以前は謎でした。これが，DNA を用いた研

図 1-3　ミズニラ
現存する水草の中で，最も古く誕生したものの１つです。

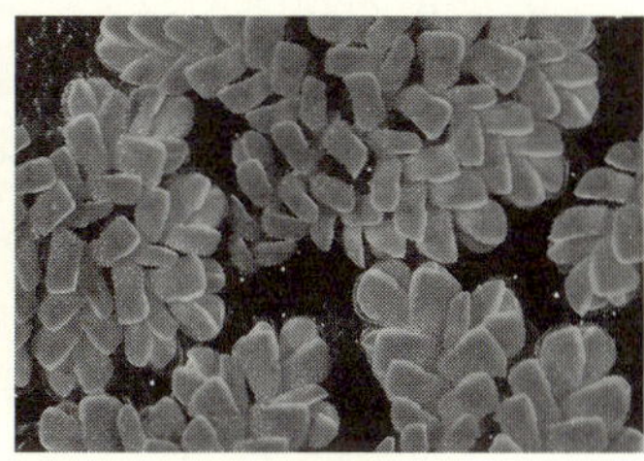

図 1-4　サンショウモ（左）とアカウキクサ（右）

究によって，この２つの科は近縁（姉妹の関係）であることが明らかとなったのです[3)]。それにしても，デンジソウ，サンショウモ，アカウキクサ，それぞれ形が個性的なため，近縁な仲間であるとはちょっと想像できません。見方を変えると，これらの祖先が陸上から水中へ進出した後に，激しい形の変化を伴った進化をしたということになります。水中あるいは水面という，陸上とは異なる環境がそのような形の進化をもたらしたと考えても間違いないでしょう。

花の咲く水草の登場

コケ植物，シダ植物に続いて，いよいよ被子植物（花の咲く植物）の水草が登場します。再び**図 1-2** を見てください。先に説明したように，左上から時間が進んで行きますから，被子植物の祖先が誕生した後に，（現在も存在する植物の中で）最初に出現したのはアムボレラ目（もく）というグループで，その次にスイレン目，さらにアウストロバイレヤ目が出現したということになります。水草を含んでいる目は太字で示されているので，花の咲く植物の中で最初に出現した水草は，スイレン目ということになります。

スイレン目は，スイレンを含むスイレン科，ジュンサイを含むハゴロモモ科，トリスリナ属のみからなるヒダテラ科の 3 科から構成されています。スイレン（**図 1-5**）と言えば，水面に色とりどりの大きな花を咲かせることから，水草の中で最も有名な種類の 1 つですが，実はそれが花の咲く水草の中でも最も古い歴史をもっているのです。スイレン目の誕生は，およそ 1 億 7000 万年～ 1 億 2000 万年前と推定されているので，人類が誕生するはるか昔，恐竜（2 億 5000 万年～ 6550 万年前）のいた時代には，地球上に出現していたということになります。恐竜とスイレンが同じ景色の中にいたことを想像すると，ちょっとワクワクしませんか。

そして，多くの水草を含むオモダカ目が出現したのが 1 億 3000 万年ほど前，さらに 1 億～ 5000 万年くらい前になるとオモダカ科，トチカガミ科，ヒルムシロ科，アマモ科などにすでに分かれていたと推定されています[4]。そして，現在見られ

図 1-5　スイレン
最も有名な水草の 1 つが，花の咲く水草の中で最も古い誕生の歴史をもちます。

る種の多くが誕生したのは，数百万年ほど前と考えられます。

何しろ 200 回以上の進化があったわけですから，水草の誕生は，実に様々な時間と場所に起こってきたことになります。しかも，それは現在私たちが目にすることのできる水草だけの話です。実際には，水中へ進出する挑戦の途中で絶滅した種類も多くあるはずです。そんな進化の歴史の結果が，水草であり，その不思議で多様な形や生態なのです。

地球上に水草は何種類いるの？

Question 2

Answerer 田中 法生

現在，地球上に存在する水草は95科439属およそ2800種[5)]です。現在知られている陸上植物（コケ植物，シダ植物，種子植物）は，約35万種[6)]ですから，そのうちの水草の割合はわずか0.8%（2800/350000）に過ぎません。

なぜ少ない？

200以上の異なる植物が陸上から水中へと進出してきたにも関わらず，種数としては0.8%というのは少なすぎて不思議なくらいです。これには，水草は生息地において隔離（花粉や種子の行き来ができなくなること）が起きにくいことが理由にあるのかもしれません。湖と湖，河川と河川の間を陸地で隔離されるのではないかと思われるかもしれませんが，水草の多くは，種子や植物体の一部が鳥などに運ばれやすかったり，花粉のやりとりを特定の昆虫に頼ることが少ないなど，隔離が起きにくい性質を持っています。これは逆に考えれば，本来点々と存在する生育可能な場所（湖や河川など）をまたいで生育するために，水草に備わった性質とも考えられます。

水草と陸上の植物の境界

冒頭で，水草の種数を“およそ”2800種と書きました。これは，未知の種が発見されたり，同じ種だと考えていたものの中に別の種が含まれていることがわかるなどして種数が変わることも1つの理由です。しかし，水草においては，水草特有の問題が算出を難しくしています。つまり，どれが水草でどれが水草でないのかを，客観的に判別することが難しい場合があるのです。

そんなことがわからないのか？，と思われるかもしれませんが，残念ながらそうなのです。水草の定義として，Q1で「「葉や茎の一部が水中にあるか，または水面に浮いている」はわかりやすいと思います」と書きましたが，場合によってはこの判断ができないことがあります。例えば，湖沼は季節や雨によって水位が変化します。そのため，岸辺に生える同じ植物が，陸地にいることもあれば，水中にいることもあります。その植物たちを水草と呼ぶべきか，判断が難しくなります。そこで，水中にある一定期間を，「常にもしくは一年の数週間以上」，などと決める方法もありますが，それでもはっきりとした時間の線引きが難しいため根本的な解決にはなりません。そのため，水草と陸生種との境界にいるような植物の判断には，どうしても人による違いが生じてしまい，水草の種数を正確に算出できない原因となっているのです。

しかし，そもそも明確な境界など存在しないので，そこにこだわっても仕方ありません。陸地→湿地→水中へと進出した水草ですから，その境界線上にある植物は，むしろ水草予備軍として捉えることによって，水草の進化をより深く理解できると考えましょう。

陸上の植物は水中で生きていけませんか？

Question 3

Answerer　藤井 聖子

はい，生きていけません。
水草と陸上の植物を比較しながら，ご説明します。

陸上の植物を水に沈めると……，腐ってしまいます。

突然ですが，皆さんはお庭やベランダで育てている植物を水に沈めたことはありますか？……ないですよね？

陸上の植物を水に沈めるとよくない，ということは何故か皆さん感覚的にわかっていて，底面給水や腰水栽培をすることはあっても，水に沈めてみようという人はほとんどいらっしゃらないと思います。

お恥ずかしい話ですが，水草に興味を持ったばかりの頃，筆者は近所のアクアリウムショップで，よく知った観葉植物のオリヅルランとドラセナがまるで水草のように水中に沈められて売られているのを見つけました。当時中学生で高価なアクアリウムセットや水草を手に入れられなかった筆者は，「観葉植物は水中で育つんだ！」と，さっそく自宅にあったガラス瓶に水を入れ，育てていたオリヅルランの小株を沈めてみました。初めはいきいきとして見えたオリヅルランは，次第に葉が茶色くなり，最終的には溶けるようにして腐ってしまいました。とてもショックを受けたことを覚えています（なんと残酷でかわいそうなことをしてしまったのかと深く反省しています)。このように，オリヅルランに限らず，皆さんがよくご存じのパンジーやチューリップ，ヒマワリなどの陸上の植物は，程度の差こそあれ水の中に沈められると1週間とたたずに枯れてしまいます。ではなぜ，陸上の植物は，水中では生きられないのでしょうか？　Q1 で述べられているように，水草は陸上から再び水中へ戻った「植物界のクジラ」ですので，基本的に植物の作りは祖先である陸上の植物と同じであるはずです。一体，水草たちはどこが陸上の植物と違うのでしょう？

なぜ水草は水中で生きていけるのか？

先ほど，オリヅルランを例にあげて，陸上の植物を沈めると腐ってしまったとお話ししました。ではなぜ腐ってしまったのか考えてみましょう。

植物は葉に光を受けて光合成を行うことで自らが生きていくためのエネルギーを作り出しています。つまり，植物は光合成ができなければ生きていくことができません。陸上の植物が水の中で腐ってしまったのは，何らかの原因で光合成がうまくできなくなってしまった，と考えるのが自然でしょう。

光合成の材料は光，水，二酸化炭素です。これらが１つでも欠けると光合成はできません。陸上の植物の光合成がどうして水中でうまくいかないのか，原因を１つ１つ見ていきましょう。まず光は，陸上の植物であればさんさんと浴びることができます。林床にいる植物も，直射日光とは比較にならないほど少ないとしても，自身が光合成できる程度の光を浴びています。水の中にいる水草に届く光は，水面で一部が反射した後，水中を透過するにつれ拡散・吸収され弱まっていきますが，水草は水深１ｍ程度であれば，光合成クロロフィルが利用できる波長の光が届くので特に大きな問題はありません。次に水ですが，陸上の植物は雨によってもたらされる一方，水草は水の中にいてそれはもう申し分ないほど潤沢にあるので心配はいりません。さて，そうすると残るは二酸化炭素で，どうやらここに原因がありそうです。

陸上の植物は，葉の裏側にある気孔という空気の取り入れ口から光合成に使う二酸化炭素を取り込むと共に，気孔や根から酸素を取り込んで呼吸も行っています。陸上の植物が水に沈むと，開口部である気孔から空気の取り込みや排出ができず，言わば窒息して光合成と呼吸の両方をこなすことができなくなって枯れてしまうのです。

水草は水の中で生きるためにどんな特殊能力を持っているの？

Question 4

Answerer 藤井 聖子

特殊能力を身に付けているのは水草の中でも沈水植物！

陸上の植物は，水の中に沈めると，空気を取り込むことができなくなってしまうために枯れてしまいます。それでは水草はなぜ水の中で窒息しないのでしょうか？

水草の定義は「葉や茎の一部が水中にあるか，または水面に浮いている植物」でした。つまり水草とは水中から陸上の狭間で生きている植物で，ゆえに様々な生活形があります。後で詳しく解説しますが，代表的なものとしてはコウホネやハス，ヨシのように体半分だけ水上に出すもの（抽水植物），ホテイアオイのように体全体を水に浮かべるもの（浮遊植物），アサザやヒツジグサといったスイレンの仲間のように葉や花だけを水面に浮かべるもの（浮葉植物），クロモやセキショウモのように体全体が水中にいるもの（沈水植物）があげられます。一概に水草と言っても，それぞれの生活形によって二酸化炭素の取り込み方法が異なっています。

まず，抽水植物は体の一部が水の上に出ているので，陸上の植物と同様に葉の裏にある気孔から取り込んだ二酸化炭素を使って光合成を行うことができます。また，水中にある根は酸素を多く必要としますが，抽水植物は葉や茎，根の中に通気組織が発達していて，光合成の結果得られた酸素や葉の気孔から取り込んだ酸素を地中の根まで運ぶことができます。浮葉植物は，水に接していない葉の表側に多数の気孔を持っていて（一般的な陸上の植物は葉の裏側に気孔が多い），そこから空気を取り込み，抽水植物と同じように発達した通気組織を介して水中にある根・茎・葉に運んでいます。

さて，ここからが本題です。おそらくご質問の「水草」とは，植物体全体が完全に水中下にある沈水植物のことを想定されているのだと思います。そう，アクアリウムでよく知られている，水中できらめく大変美しい状態の水草のことですね。実はこの沈水植物こそ，陸上の植物とは全く違った空気の取り込み方を身に付けているのです。沈水植物は，なんと葉の表皮細胞からダイレクトに，水中に溶け込んだ二酸化炭素を吸収できるようになっています。しかも，二酸化炭素だけでなく養分の吸収も直接できるようになっていて，とことん水中生活に特化しており，陸上の植物にはない特殊能力を持っているといえます。陸上の植物は，細胞から水分が奪われないように葉の表面にクチクラ層というロウ状の物質を発達させています。クチクラ層は気体の出入りを妨げるため，陸上の植物は気孔という開口部を通してでないと空気の出し入れができません。対して沈水植物は，常に水中にあって乾燥を防ぐ必要がないためか，陸上の植物が通常表皮に持っているクチクラ層が発達しておらず，そのため直接気体や養分を取り込めるようになっています。ですので，沈水植物の葉にはほとんど気孔がありません（**図 4-1**）。

水中で生活するための素晴らしい能力を身に付けている沈水植物ですが，ひとたび水から出ると水分が保てず，みるみるうちに乾燥して枯死してしまうという弱点があります。しかし，この乾燥という逆境でさえも「陸生形」に変化することで生き延びることができる，「両生植物」と言われるものがいます。この水陸両用の水草については，**Q5** の中で詳しく解説します。

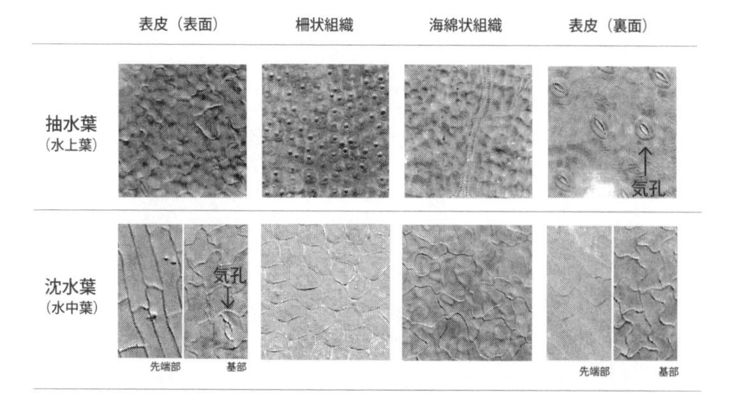

図 4-1　テクノビット包埋樹脂による *Rotala rotundifolia* の抽水葉および沈水葉の平断面顕微鏡観察画像
抽水（水上）葉と沈水（水中）葉で各組織に違いがみられる。特に表皮（裏面）では抽水葉で見られる気孔が，沈水葉ではほとんどみられない。

沈水植物でも種によって利用できる二酸化炭素の形態（光合成炭素源）が違う

水の中において，二酸化炭素は水の pH の変化に応じて形態が変わります。酸性環境下では遊離炭酸（大気中と同じ二酸化炭素（CO_2）の形＝炭酸ガス）となり，pH6 ～ 10 くらいの中性～アルカリ環境下では重炭酸イオン（HCO_3^-）となります。多くの沈水植物はまず水中に遊離していて，細胞を通過できる遊離炭酸を利用し，それがなくなると重炭酸イオンを利用するようになりますが，水草の種によって遊離炭酸しか利用できないものがあります[1)]。また，水位変動によって陸生形・沈水形に変化する両生植物の多くは，沈水形をとる場合に遊離炭酸しか使えない傾向があるようです[2)]。アクアリウムで水草を育てるとき，水の中に二酸化炭素を添加しないときれいな水中葉を展開できない，うまく育たないということが多々あります（**図 4-2**）。これらの原因について，様々な可能性が考えられますが，

図 4-2　二酸化炭素の強制添加によって維持されるアクアリウム

多くは遊離炭酸しか利用できない両生植物の性質に起因していると思われます。ちなみに，重炭酸イオンを利用できる種も，遊離炭酸があればそれを利用するので，古くからアクアリストがやっていた二酸化炭素の添加は水草を育成するにあたって理にかなっていたというわけです。

沈水植物は根に必要な酸素を空気中から得ることができないので，光合成産物として獲得した酸素を体内の空隙に一時的に蓄えた後，根まで運んで利用する他，体全体の表皮細胞を通して水中から酸素を取り込み，呼吸に利用します。このように，特に沈水性の水草は，種によって利用できる形態に差があれども，水中の二酸化炭素を直接吸収する仕組みを持っているため，陸上の植物が窒息してしまう水の中でも難なく生きていけるのです。

ところで日本には多くの湧水がありますが，湧水環境ではとても面白い現象が見られます。日本の一般的な河川や湖沼では遊離炭酸の存在が少ないのに対して，湧水は遊離炭酸が豊富であることが多く，それゆえに遊離炭酸しか利用できない特有の水草が生育することが知られています。一方で，一部の陸上の植物が沈水状態になっても生育し，まるで水草のように振る舞う現象が確認されています。これには湧水中の豊富な遊離炭酸が影響していると考えられます[3)]。

さて，Q3 でお話ししたアクアリウムショップにて沈水状態で販売されていたオリヅルランですが，最終的には枯れてしまうものの，二酸化炭素の添加により，何もしないより少しは長持ちすることを補足しておきます。

Section 2

水草の生態

水草にはどんな「生活様式」がありますか？

Question 5

Answerer　藤井 聖子

水草には様々な生活様式があり，大きく４つの生活形に分けることができます。

水草は水中から陸上の狭間に生きる植物です。大なり小なり水位が変動する環境に身を置いて，巧みに適応して生活してきました。その生活様式には，水草それぞれの生きる工夫を見ることができます。ここでは，「生活様式」を模型化した４つの生活形をご紹介します。この４つの生活形が水中から陸に向かって分布する様子を描いた図を見ながら読み進めると理解が深まるでしょう（**図 5-1**）。

１）抽水植物

例：ハス（**図 5-2**），ヨシ，ガマ，カキツバタ（**図 5-3**），ショウブ，オモダカ，ミズアオイ，カサスゲ，マツバイ（ヘアーグラス），キクモ，アヌビアス属・ロタラ属・ルドウィジア属・エキノドルス属・クリプトコリネ属の仲間など

特徴：根を水底の地中に伸ばして固着し，茎や葉が水の上に出ている状態で生育するものです。発達した通気組織を通じて，水上にある葉から取り込んだ空気や光合成で生じた酸素を水中にある根を初め，体全体に送ります。花は水上に咲かせます。

抽水植物の中には，水位があがって水に沈むと沈水葉を展開して水中に適応するものがいて，これらは水位変動に応じて形態を変化させて水陸どちらでも適応できるので両生植物と言います。アクアリウ

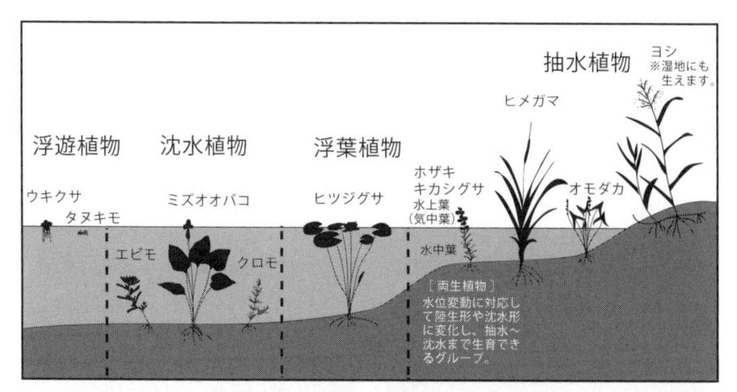

図 5-1　水草の生活形からみる垂直分布

図 5-2　抽水植物の例　ハス

図 5-3　抽水植物の例　カキツバタ

ムで楽しまれている水草の多くが該当します。

植物体がしゃんと立たず，まるで水面を匍匐していくような生活形を持つ水草を半抽水植物と呼ぶこともあります。（例：アシカキ）

2）浮葉植物

例：ヒツジグサ（**図 5-4**），オニバス，ヒシ，アサザ，ガガブタ，ミズヒナゲシ（ウォーターポピー），コビトヒメビシ，オオオニバス，スイレンの仲間（**図 5-5**）など

特徴：根や茎を水底の地中に伸ばして固着し，水面に葉

図5-4　浮葉植物の例　ヒツジグサ

図5-5　浮葉植物の例　ニムファエア'紫式部'（熱帯スイレン）

図5-6　ニムファエア・ロトゥス（流通名：タイガーロータス）

図5-7　アカバナヒツジグサ（流通名：タイ・ニムファ）

（＝浮葉）を浮かべて生育するものです。限界がありますが，多くの場合，抽水植物よりも水深の深いところに生えることができます。浮葉の表面には，陸上の植物と同じように乾燥を防ぐクチクラ層が発達していますが，水と接する裏面には気孔がほとんどなく，一般的な陸上の植物と反対に葉の表側に多くあります。花は水上に咲かせます。浮葉植物でも，水中の地際付近に沈水葉を展開するものもあります。ちなみにアクアリウムで有名なニムファエア・ロトゥス（*Nymphaea lotus*，流通名：タイガーロータス，**図5-6**）やアカバナヒツジグサ（*Nymphaea rubra*，流通名：タイ・ニムファ，**図5-7**）はスイレンの仲間ですので本来は浮葉植物ですが，二酸化炭素を添加することで沈水葉を多く出させて観賞しています。ですので，植物の調子がよくなると本来のメインの葉である浮葉を展開するので，沈水葉だけで長期に維持することはとても難しいと言えます。

3）沈水植物

例：エビモ，ヤナギモ，バイカモ，クロモ，セキショウモ（**図 5-8**），ミズオオバコ（**図 5-9**），オオカナダモ，コカナダモ，ラガロシフォン・マヨールなど

特徴：根や茎を水底の地中に伸ばして固着し，根・茎・葉の植物体全体がすべて水中にあるものです。一般に陸上の植物の葉に存在するクチクラ層や気孔がなく，水中に溶け込んだ二酸化炭素や栄養塩類を直接葉の表面から取り込むことができます。沈水葉は体を支持する必要がないためか，繊細で細長くて薄いものが多く，表面積を大きくするような形態をしています（葉の表面からの物質の取り込みを促進していると考えられていますが定かではありません）。これも推測にすぎませんが，水中葉が細長く薄いものが多い理由は，水流にのることで水の抵抗を軽減させていると考えられています。多くの種では花を水上に咲かせますが，水中で開花する種もあります。水中生活に特化しているため，抽水植物の一部と違って水位が低下して植物体が空気中にさらされると生きていけません。

図 5-8　沈水植物の例
セキショウモ

図 5-9　沈水植物の例
ミズオオバコ

4）浮遊植物

例：ウキクサ，ムジナモ（**図 5-10**），タヌキモ，サンショウモ，マツモ，ホテイアオイ，ボタンウキクサ，アマゾントチカガミ（アマゾンフロッグビット）など

特徴：根が水底に固着せず，水面または水中を漂うもので，いわゆる「浮き草」はここに含まれます。ウキクサやホテイアオイのように水面に浮かんで葉を空気中に出して浮遊し，根を水中に垂らしているもの（水面浮遊植物）と，ムジナモやマツモのように根を出さずに水中で漂っているもの（沈水浮遊植物）があります。双方とも花は水上で咲かせます。葉の特性としては，水面浮遊植物は抽水植物と同様で，沈水浮遊植物は沈水植物同様です。

これら 4 つの生育形は，種によって安定しているものもありますが，そうでないものもあります。先述した両生植物のように，1 つの種が必ずしも 1 つの生活形におさまらないことがあるのです。同じ種であったとしても，環境によって異なる形になる……これが水草の判別を難しくしている一因でもあります。

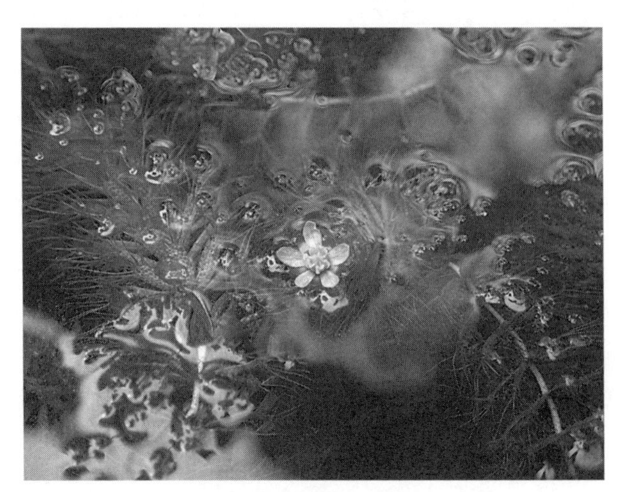

図 5-10　浮遊植物の例
ムジナモ

水上の葉と水中の葉で形を変えるって本当？

Question 6

Answerer 藤井 聖子

すべての水草がそうではありませんが，抽水（水上）葉と沈水（水中）葉を使い分けるものがいます！中には，とても同じ種とは思えない全く違った葉をつけるものもあります。どういうことなのか，詳しく解説していきます。

水位変動に応じて姿を変える驚くべき水草の特殊能力，その名は「異形葉」

水草の中には，同じ 1 つの種であっても，あるいは 1 つの個体であっても，生育する場所の水深や流れる水の速さなどの生育環境の変化に応じて，大きく生活形を変化させるものがあります。例えば，アクアリウムに用いられるホザキキカシグサ（*Rotala rotundifolia*，ロタラ・ロトゥンディフォリア）は薄く細長い沈水葉を展開している状態（沈水形）で栽培されることが多いですが，水位を低下させると茎が水面上に伸び，丸くて厚い抽水葉を展開させ，ハスやヨシのような抽水植物のように振る舞います（抽水形）（**図 6-1**）。おそらく，知らない人が本種の沈水葉と抽水葉を見たら，同じ種だとは夢にも思わないでしょう。同じくアクアリウムで人気のルドウィジア・アルクアタ（*Ludwigia arcuata*，ニードルリーフルドウィジア，**図 6-2**）や，日本に分布するキクモ（**図 6-3**）も同様に同種とは思えないほど変化します。ミクリ属のミクリやナガエミクリでは，流速のおだやかな河川では抽水植物になりますが，流速が速い湧水域ではテープ状のしなやかな沈水葉を展開し，バイカモやオオカナダモのように植物体全体を水中に沈めてたなびく沈水植物になります（**図 6-4**）。

図 6-1　ホザキキカシグサの沈水葉（左）と抽水葉（右）

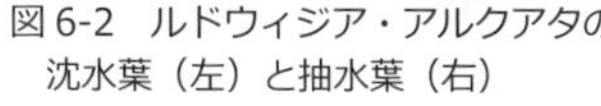

図 6-2　ルドウィジア・アルクアタの沈水葉（左）と抽水葉（右）

図 6-3　キクモの沈水葉（左）と抽水葉（右）

また，ホシクサ属などでは，栄養繁殖の時期を水中で過ごし，夏から秋の開花期には生育地の渇水にあわせて抽水植物の形態となって開花・結実します。一方，コウホネは環境によってはなんと，浮葉，抽水葉，沈水葉の 3 形を同時に持つことができます。とてもすごい能力ですが，もともとの水草のご祖先様が陸生植物だったという事実を考えると，遺伝子に陸上の植物としての性質が残っていることはさほど驚くことではないかもしれません。

このように，1 つの植物が持つ，2 種類以上の形や性質の異なる葉を異形葉，その性質を異形葉性と言います。水草の異形葉性には 2 種類あって，先述のように環境によって異なる葉を展開するものと，成長するにつれて葉の形が変わっていくも

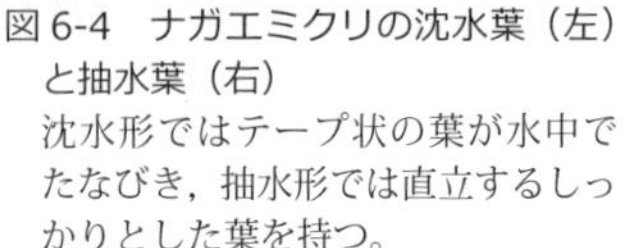

図 6-4　ナガエミクリの沈水葉（左）と抽水葉（右）
沈水形ではテープ状の葉が水中でたなびき，抽水形では直立するしっかりとした葉を持つ。

図 6-5　植物園でおなじみのパラグアイオニバス

のがあります。成長段階に応じて葉が変化するものはオモダカやミズアオイ，植物園で有名なオオオニバスの仲間（**図 6-5**）などで知られており，幼個体と成熟個体では同じ植物とは思えないほど葉や草姿が変わります。これらは成長段階で必ず見られるもので，生育環境と関係ありません。異形葉は陸上の植物にもあり，クワやカクレミノなどが知られていますが，水草のそれは激変といってもよいものが多いため，両方の姿を知っていなければ正確な同定が難しくなります。

水草はどのように冬を越しますか？

Question 7

Answerer　久原 泰雅

水草は種子，または胞子で冬を越す他，殖芽（しょくが）という越冬のための特殊な器官を作ることで厳しい冬を乗り切るなど，特殊な水辺の環境にも適応した生活をしています。

水草の越冬方法

初夏から秋にかけて多くの水草や昆虫などでにぎわう湿地も，冬は枯れたヨシやハスの実などが見られるだけのさびしい姿になります。夏，あれだけ繁茂していた水草はどこへ行ってしまったのでしょうか？

水草にも陸上の植物と同様，一年草や越年草，多年草などがあります。一年草（生育期間が一年以内の植物）は冬に枯死してしまうため，種子（コケ植物・シダ植物の場合は胞子）だけが残ります。ヒシやミズアオイ，オニバスなどがこれに該当します。オニバスは毎年５月頃に発芽しますが，一年草にも関わらず，夏には一枚の直径が２m 以上にもなる巨大葉を作るまで成長します（**図 7–1**）。

一方，多年草は球根などの形で種子や胞子以外に越冬する器官を作ります。日本の水草のうち，約２割が一年草で，越年草はカワヂシャなどわずかしか見られず，残りは多年草です[1)]。多年草の水草にはハスやクワイなどがあります（**図 7–2**）。私たちが普段食べるレンコンはハスの地下茎（根茎）で，冬の間はこの部位に栄養分を貯蔵して越冬します。また，クワイはオモダカという植物の栽培品種で，お節料理などにも使われるクワイはこの植物の塊茎の部分です。（**図 7–3**）。

種子や胞子以外にも，水草は冬を越すために殖芽（しょくが）（**図 7–4**）

図 7-1　葉が最大で直径 2 m 以上になるオニバス

図 7-2　ハス
地下茎（レンコン）に養分を貯蔵し，越冬する。

図 7-3　クワイの塊茎（球根の一種）
お節料理などで食する。（160 ページ参照）

という特有の器官を作ります。殖芽は球根などと同様，植物にとって生育環境が悪い場合に形成し，成長するために栄養分を蓄積したシュート（Shoot：茎と葉のセット，**図 7-5**）です。殖芽の多くは茎の先や葉腋（ようえき）に作られ，樹木の芽に似た構造をしています。ただし水草の場合，殖芽を形成すると他の部分は枯死し，冬の間は殖芽のみとなることが樹木の芽との大きな違いです。

図 7-4　イトモの殖芽

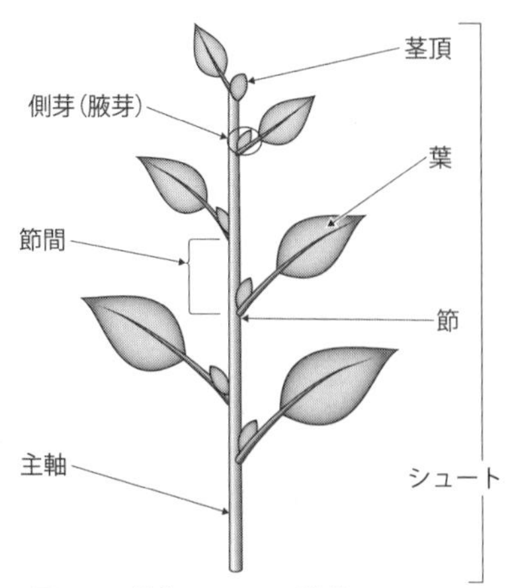

図 7-5　植物の１つの単位となるシュート（茎と葉のセット）

種子での越冬

種子や胞子は植物にとって子孫を残す手段ですが，熟したのちに休眠するものが多く，寒い冬を乗り切る越冬器官にもなります。種子や胞子は水や鳥，風などに運ばれた後，水底に沈み土壌などの堆積物に埋もれて休眠し，種子の場合は「埋土種子」，胞子の場合は「埋土胞子」と呼びます。土壌にはこれら様々な種子や胞子が含まれ攪乱（かくらん）などが起きて発芽に適した環境に代わるまで種子や胞子が貯蔵されることから，これらの種子の集まりを「土壌シードバンク（soil seed bank）」あるいはコケ植物・シダ植物の胞子などを含んで「土壌散布体バンク（soil diaspore bank）」と呼びます。水草の種子は水中の堆積物中に埋もれることが多く，発芽に必要な酸素や光が少ない環境で保存されるため，数年から数十年間発芽可能な状態で保存されるものが多いことがわかっています[2)]。極端な例では，2000 年前の土壌から採取されたハスのタネが発芽する例なども知られています（**図 7-6**，詳しくは **Q31 参照**）。

図 7-6　2000 年以上前の土壌から種子が採取され，発芽した「大賀ハス」

土壌シードバンクに含まれる種子や胞子は，春の雪解けに伴う増水や突発的に起きる河川の氾濫などの撹乱により土壌より掘り出され，条件が整った場合に発芽します。撹乱が起きていない環境には既に水草を含めた他の植物が生育していることが多く，また種子や胞子から発芽して育つには時間がかかるため，既存の多年生植物との競争に勝てません。一方，撹乱が起きた場所は他の植物が少ないため，種子や胞子からの生育がより優位に働きます。このように水草の種子や胞子は越冬するだけでなく，将来新たに生まれる水辺の環境に備えて保存される「未来に託された子孫」とも言えます（**図 7–7**，Q32 参照）。

殖芽による越冬

水面に浮くウキクサなどの浮遊植物に限らず，ほとんどの水草は水の中で浮くことができます。これは，光合成により作り出された酸素を体の中に含んでいるためです。そのため，殖芽が出来る秋頃に，日照時間が減り，光合成能力が落ちると，体内の酸素が減少して浮力が小さくなり，さらに光合成により作り出した栄養分を殖芽にため込むため，殖芽は水底へと沈みます。寒い地域では，池などの水辺の水面が凍ることがありますが，水の比重は 4℃で最も重くなるため水底は凍らないことが多く，殖芽は水底に沈むことで凍結を回避できます[2)]。

殖芽は茎が枝分かれした先に作られるため，一個体から複数作られることが多く，その結果，個体を増やす（栄養繁殖を行う）手段にもなります。また，殖芽は軽くて比較的大きいので土中に沈まずに保存され，春になり環境条件が整うとすぐに発芽し水面を覆います。水底表面に保存されることから生育に適した環境になると光を受けていち早く成長できるほか，元の個体から完全に切り離されて移動するため，分布を拡大することも可能です。

筆者は植物園で働いているのですが，水草を植栽する際に，景観的にここが良いだろうと思い植栽をしても，殖芽は冬の間に移動してしまうため，次の年には思いがけない場所に出現して困ることがあります。しかし，殖芽は水の流れで移動するため，移動先は栄養分の腐植質なども一緒に集まっていることが多く，生育にも適している場合がほとんどです。そう考えると，もっと植物が育つ場所の事も考えて植栽を行うべきかもしれませんね！

殖芽の形は種によって異なります。バナナプラントのようにバナナの房のような形をしたものや，エビモのように夏に作られ，船のスクリューのような形をしているものなど様々で，種を見分ける際にも重要な手がかりになります。水草を観察する際には，冬の間に種独自の“変身”をした殖芽もぜひ探してみ

図 7-7　埋土種子から発芽した植物

てください（**図 7-8**）。

水草の様々な越冬戦略

水草は攪乱に備え長期間保存される種子や胞子，短い夏にいち早く成長するための殖芽などの栄養繁殖体を作ることで，生育に適さない冬を乗り切るだけでなく，厳しい水辺の環境にも適応した生活をしています。

先ほど紹介したエビモは河川や湖など様々な環境に生育する水草ですが，水流の強い環境では殖芽を作らずに生育し，湖など水流のあまりない環境では水温の上がる夏に殖芽を作り暑さを乗り切ります[3)]。また，クログワイの塊茎は，人が除草しないため池では 5 月頃一斉に発芽するのに対し，除草を行う水田では根絶されることが無いよう 5～7 月に散発的に発芽するなど，同じ種でも生育環境に合わせ，それぞれの繁殖戦略を持つものが知られています[4)]。

一方で冬にも夏と同様に生育する水草もいます。湧水が流れる環境に生育するバイカモです（**図 7-9**）。多量の湧水が出る

図 7-8　様々な形の殖芽（写真提供：木村 彰）

環境は水が年中枯れることが無いほか，水温や水質も安定しているため，水辺では最も安定した環境と言えます。そのため，バイカモは年中青々とした葉を持つほか，強い水流に流されないように各節から根を出し，水底にしっかりと固着します。また，殖芽は作りませんが，切れ藻や地下茎からも容易に増殖し，

図 7-9　梅に似た花を咲かせるバイカモ

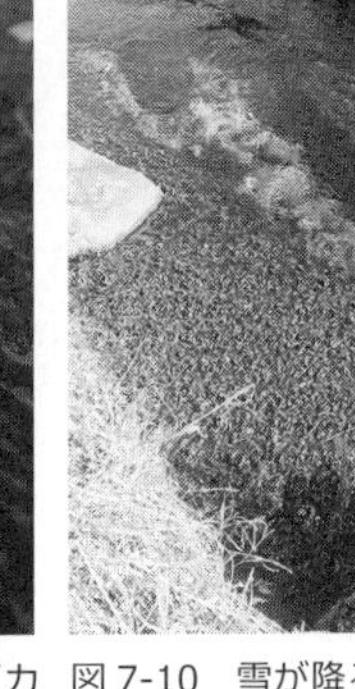
図 7-10　雪が降る中でも花を咲かせるバイカモ

ちぎれて流されても，たどり着いた先で増殖することができます。バイカモは湧水のでる環境に生育するためか，人工栽培が難しい植物とされており，現在，栽培試験を行っています。生育環境の調査するために，12 月の雪が降る中，自生地に観察に行ったところ，湧水が出る傍のバイカモが花を咲かせていました（**図 7-10**）。バイカモの開花が良くみられるのは 6 ～ 7 月にかけてですが，水温や環境の安定する場所では常に花を咲かせるようです。花を咲かせても昆虫などはいないため，他の花から花粉をもらうことはできないと思われますが，バイカモは自家受粉で種子を作る植物のため，環境さえ安定していれば次々に花を咲かせ，冬でも種子を残しているのかもしれません。

このように，水草は生育環境に応じて，冬を越すための手段を獲得し，生き抜いているたくましい植物なのです。

水草も花を咲かせますか？

Question 8

Answerer 田中 法生

コケ植物とシダ植物以外の水草は花を咲かせます。スイレンやハスのように陸上の花と同じようなきれいな花を咲かせるものもあれば，とても花とは思えないような変わった花を咲かせるものもあります。

花は水に弱い

花はもともと陸上で花粉が運ばれるように進化したため，それと全く同じでは水中生活に対応できません。その中で，スイレンやハスは，体が水中に入っても，陸上の祖先と同じような花を咲かせるための工夫をする，という方法を選びました。

花の形や色や匂いは，周辺の動物相や環境と密接に関わり合いながら長い時間をかけて進化してきたものです。それを易々と手放すよりも，なんとか陸上の祖先と同じように使い続けるというのがこの方法です。これには，昆虫が花粉を運ぶ虫媒種や，風によって運ぶ風媒種が該当します。

ここで重要なポイントは，花の花粉は水に弱いということです。ふつう，花粉は水に濡れると浸透圧の作用で壊れてしまうため，いかにして花を水上に出すかが，陸上の祖先と同じ方法を続けるための鍵となります。

虫媒の花としては，スイレン，ハス，ハナショウブ，風媒としては，ガマやミクリなどが典型的な例です（**図 8–1a，b，c**）。これらの花は，植物体の一部が水中にあることにそれほど大きな障害は無いように見えますが，スイレンで言えば，花をちょうど水面に咲かせたり，閉じた花の内側に水が入ってこないようにするために，内側の花被片※1 はその表も裏も水をはじく

図 8-1　虫媒の花（a）と風媒の花（b, c）

a）ヒツジグサ

b）ガマ：穂の下側が雌花，上側が雄花の集まり。「蒲の穂」としてふつうイメージされるソーセージ状の部分は，この雌花群が受粉して種子が熟して茶色になった状態。

c）ミクリ：花茎の上側に雄花の集まり，下側に雌花の集まりが出来ます。種子が熟すと雌花の集まりは栗の毬（いが）のようになることから，実栗（みくり）となったとされます。

ようになっているなどの工夫が見られます。

※1　多くの花は，外側の萼片と内側の花弁で形や色が異なりますが，原始的な性質を持つ種類では萼片と花弁の違いがはっきりしないことがあります。その場合，萼片・花弁という言葉を使わずに，全体を花被，1つ1つを花被片と呼びます。形はほとんど同じで外側と内側に配置している場合は，外花被（片），内花被（片）と言います。

図 8-2　ハゴロモモ
通常は細かく分かれた沈水葉のみをつけますが，花のすぐ横には細長い浮葉をつけます。浮葉は花を水上に持ち上げることに役立っていると考えられます。

水上に咲かせる工夫

花を水上に咲かせるためにもっとすごい工夫をしている水草もいます。ハゴロモモなどカボンバの仲間（ハゴロモモ科ハゴロモモ属）は，細かい裂片に分かれた糸のような沈水葉（**Q5, Q6 参照**）のみを持ちますが，花を咲かせる時だけ，花のすぐ下に浮葉を作ります。浮葉の形は，種によって異なりますが，いずれも沈水葉とは全く異なる，ふつうの葉の形をしています（**図 8–2**）。この浮葉が花を安定的に水上に掲げるために役立っていることは間違いないでしょう。同様な仕組みは，風媒送粉をするコバノヒルムシロやホソバミズヒキモ（ヒルムシロ科）にも見られます。実によく出来た仕組みです。

風媒に関しても虫媒と同様で，花を確実に水上に掲げる工夫をすることで，陸上の祖先が行っていた方法を使い続けることに成功しています。

水中で花を咲かせる水草がいるって本当ですか？

Question 9

Answerer 田中 法生

本当です。Q8 のヒツジグサやハゴロモモとは異なり，これまでの花にはこだわらずに，水を利用した全く新しい道を選んだ水草もいます。水草ならではの，水を媒介とした驚きの方法（水中媒・水面媒）をご紹介します。

水面を使う

まずは，水面で花粉をやり取りする水面媒です。

クロモは，日本全国の湖沼や水路などに比較的ふつうに見られる，沈水性の水草です。8～9月頃になると，クロモの群落の中に，直径5mmくらいの白っぽい透明なものが浮いていることがあります。実はこれが雄花です。さらに水面をよく見ると，極めて小さな粒が浮いています。それが花粉です（**図9-1a**）。雄花が浮いている？　そこから花粉が落ちた？　一体，どういうことなのでしょうか。クロモは世界的にも稀な花粉水面媒という方法で送粉を行います。

クロモは雌雄異株なので，雌株と雄株は別々ですが，たいていは同じ群落の中に生育しています。雌株の葉の腋に出来る雌花は，柄が長く伸びて水面ちょうどのところにくぼみを作るように咲きます。一方で雄株には，葉の腋に雄花の蕾（つぼみ）が出来ます。日中，光を浴びて光合成を始めると，出来た酸素の一部が雄花の苞鞘（ほうしょう）から出始めます（**図9-1b**）。この泡は最初はそのまま水中に出て行きますが，蕾が成長して大きくなるにつれて，酸素の泡も大きくなります。泡が何度か浮上するうちに，開花するほどまで蕾が大きくなると，酸素の泡の浮力に引っ張られるようにして，蕾の柄が切れて，泡とともに浮上します。水面に出

a) 小さな雄花（中央）が浮いていて，その周辺に花粉が散らばっています。

b) 水中に出来る雄花のつぼみは光合成で出来た酸素に包まれて水面に浮上します。

c) 水面に浮上した雄花のつぼみは，花被が開くとすぐに花粉をまき散らします。

d) 水面に落ちた花粉は水面を漂って雌花が水面に作る“くぼみ”に落ちて受粉が起こります。

図 9-1　花粉水面媒を行うクロモ

た蕾は，すぐに花被片が開いて反り返り，今度は反り返った花弁の内側に付いていた雄しべが垂直に立ち上がります。その反動で雄しべの花粉が周囲にまき散らされます（**図 9–1c**）。花粉は水面に落下し，そのまま水面を浮遊して，水の動きによって雌花の縁に到達し，雌花の花被片のくぼみに落下すると，中央の雌しべに付着して受粉が起こります（**図 9–1d**）。

Q8 で，「花粉は水に濡れると壊れてしまう」と書きましたが，だとすれば水面を漂う花粉は大丈夫なのかと思いませんか。ふつうの水草であるクロモの送粉方法が正確にはわかっていなかった理由はここにあります。植物学の常識に照らせば，水面に落ちてしまった花粉は役にたたないからです。そのため，スイスの偉大な水草学者クック博士も，雄花から雌花へ直接落下した花粉だけが受粉すると述べていたくらいでした[1)]。しかし，筆者が詳しく調べた結果，水面に落ちた花粉も５時間程度は生きたまま水面を浮遊できることが解明されたのです[2) 3)]。さらに研究すると，もっと面白いことがわかりました。この花粉水面媒を行うのは，世界中でクロモ属（１種）の他にコカナダモ属（５種）だけですが，ＤＮＡを用いた解析から，この２属は別々に花粉水面媒を進化させたことが明らかになり，電子顕微鏡による花粉の観察からは，その別々に進化した２属の花粉の表面形態がそっくりであることも明らかになりました（**図 9–2**）[4) 5)]。この結果は，花粉表面のわずか数ミクロンという凸凹が，水面で浮かぶうえで有利な（おそらく，水をはじく）形であるために，別々に進化した２つの属が，同じように持ち合わせていると考えられます。極めて微細な構造の変化が生物

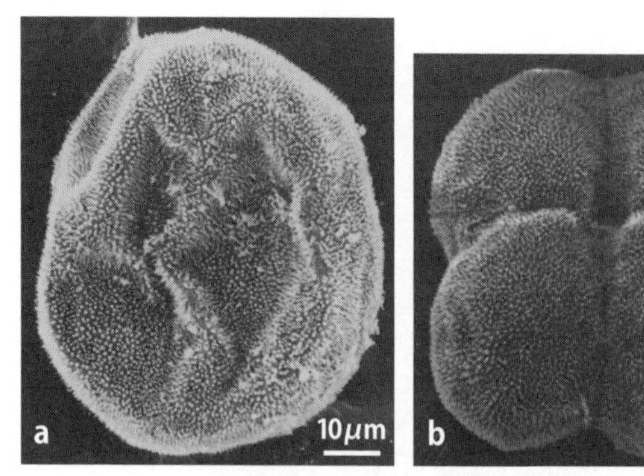

図 9-2　花粉水面媒の花粉
a）クロモの花粉，b）コカナダモの花粉

の生き方を左右するという，進化の面白さが強く感じられる新知見です。

水面媒には，雄性花水面媒という方法もあります。これは，雌花が水面に咲き，雄花が水面を漂う点は同じですが，花粉は雄花から落ちることはなく，雄花ごと移動し，雄花の雌しべに花粉が運ばれるという方法です。その例としてウミショウブの送粉を Q19 で紹介していますが，同様な方法を行う水草は 5 属 17 種ほどあります（**表 9-1**）。植物全体から見れば，2 つの水面媒はよく似ているのですが，花粉が空気中にあるのか，水に触れているのかという点では，大きな違いがあるのです。とはいえ，どちらの方法もごく一部の水草だけが行うとても特殊な方法であることは間違いありません。

水中を花粉が漂う

花粉が水に濡れることが，植物にとって大きな障壁であるわけですが，その意味において水中媒送粉は圧倒的な存在です。何しろ水中に花粉を放出して送粉するのですから。

水中媒の一例を紹介します。熱帯から亜熱帯の浅い海に生育

図 9-3　水中媒を行うリュウキュウスガモ
写真は雄花で，綿のように見えるのが花粉です。これが水中を漂って雌花に付着して受粉が起こります。

するリュウキュウスガモの開花は，潮汐と強く関連していることがわかっています。干満の差が大きくなる大潮に合わせて雄花と雌花が水中で咲きます。雄花の雄しべからは，粘液によって数珠状に繋がった花粉が水中に放出され，雌花に出来る糸状に伸びる雌しべに花粉が引っかかるようにして受粉が起こります（**図 9-3**）。

水中媒は，複数のグループ（科）で見られ（**表 9-1**），多くの水中媒種は細長い柱頭と長い（または長く繋がった）花粉を持っています。これは水中で花粉が柱頭に遭遇する確率を高める，あるいは付着しやすくする効果があると考えられています。また，水中媒の花粉は外膜を持たないという特徴があります。外膜は，陸上の植物には必ず備わっている構造で，花粉の表面を覆い，花粉を乾燥や衝撃から守っていると考えられています。その意味では，水中媒の花粉が外膜を持たないことは理にか

表 9-1　水媒送粉を行う水草の全科全属

科	属		生育水域	送粉様式	水媒送粉を行う代表的な種（水媒送粉種 / 属の種数）
アマモ科	スガモ属	*Phyllospadix*	海水	水中媒	スガモ，エビアマモ（4/4）
	アマモ属	*Zostera*	海水	水中媒	アマモ，コアマモ，タチアマモ（11/11）
カワツルモ科	カワツルモ属	*Ruppia*	汽水	花粉水面〜水中媒	カワツルモ（全種 / 約 10 種）
ベニアマモ科	アンフィボリス属	*Amphibolis*	海水	水中媒	（2/2）
	ベニアマモ属	*Cymodocea*	海水	水中媒	ベニアマモ，リュウキュウアマモ（3/3）
	ウミジグサ属	*Halodule*	海水	水中媒	ウミジグサ（3/3）
	シオニラ属	*Syringodium*	海水	水中媒	ボウアマモ（シオニラ）（2/2）
	タラソデンデロン属	*Thalassodendron*	海水	水中媒	（2/2）
トチカガミ科	アペルティエラ属	*Appertiella*	淡水	雄性花水面媒	（1/1）
	コカナダモ属	*Elodea*	淡水	花粉水面媒	コカナダモ（5/5）
	ウミショウブ属	*Enhalus*	海水	雄性花水面媒	ウミショウブ（1/1）
	ウミヒルモ属	*Halophila*	海水	水中媒	ウミヒルモ（全種 / 約 10 種）
	クロモ属	*Hydrilla*	淡水	花粉水面媒	クロモ（1/1）
	ラガロシフォン属	*Lagarosiphon*	淡水	雄性花水面媒	（9/9）
	イバラモ属	*Najas*	淡水・汽水	水中媒	イバラモ，トリゲモ（全種 / 約 40 種）
	ネカマンドラ属	*Nechamandra*	淡水	雄性花水面媒	（1/1）
	リュウキュウスガモ属	*Thalassia*	海水	水中媒	リュウキュウスガモ（2/2）
	セキショウモ属	*Vallisneria*	淡水	雄性花水面媒	セキショウモ，コウガイモ（全種 / 約 5 種）
ヒルムシロ科	アルテニア属	*Althenia*	汽水	水中媒	（全種 / 約 3 種）
	グロエンランディア属	*Groenlandia*	淡水	水面媒	（1/1）
	レピラエナ属	*Lepilaena*	淡水・汽水	水中媒	（5/5）
	リュウノヒゲモ属	*Stuckenia*	淡水・汽水	花粉水面〜水中媒	リュウノヒゲモ（7/7）
	シュードアルテニア属	*Pseudalthenia*	汽水	水中媒	（1/1）
	イトクズモ属	*Zannichellia*	淡水・汽水	水中媒	イトクズモ（全種 / 約 6 種）
ポシドニア科	ポシドニア属	*Posidonia*	海水	水中媒	（5/5）
マツモ科	マツモ属	*Ceratophyllum*	淡水	水中媒	マツモ（全種 / 約 4 種）
オオバコ科	アワゴケ属	*Callitriche*	淡水	水中媒※	ミズハコベ（17/17）

※水中の花では雄しべの花粉が発芽して組織の中を通って受精することもある。

なっているのです。

それでは，「花粉は水に濡れると壊れてしまう」問題への対策はどうでしょうか。結論を言えば，水中媒の花粉は水に濡れても壊れることはありません。残念ながら仕組みについてはまだ明らかになっていませんが，少なくとも水中媒の花粉は水中でも壊れない何らかの仕組みを持っていると考えられます。いずれにしても，植物界の常識から逸脱した驚異的な送粉方法と言えます。

水媒送粉の進化

このような水媒送粉は，どのように進化してきたのでしょうか？　**図1-2**（5ページ）の矢印（▷）は，被子植物の進化の過程において，水媒送粉がどのグループから出現したのかを示しています。矢印を数えると……6回のみです。水媒送粉を行う水草は，8科27属およそ150種ありますが（**表9-1**），進化の回数として数えると，6回しかありません。水草が進化した回数が200を超える（**Q1参照**）ことに比べると，ずいぶん少ないように思いませんか？

これは，陸上から水中へ進出することよりも，水草になった後に送粉方法を水媒に変えること，あるいは水媒送粉で生きていくことがとても難しいことを示しているのかもしれません。

花粉が体を突き抜ける

最後に，水中で送粉することの難しさを全く別のアプローチで克服している水草を紹介します。

湧き水が流れる水域に生育する，ミズハコベ（オオバコ科）は，生育環境によって，水面に葉を浮かべる浮葉形と，水中で生育する沈水形の2つの形態をとります（**図9-4a**）。浮葉形では，小さな雄花と雌花は水上（空中）にあるため問題ありませんが，沈水形の茎にも花が咲き，しかも種子がよく実ります。花はとても水媒とは思えないふつうの雄しべと雌しべで，しかも雄花と雌花にわかれて咲くため，なぜ水中でも種子が出来るのか不思議です。実はミズハコベは，雄しべの葯の中に出来た花粉が葯（やく）から出ないまま発芽し，発芽した花粉管が雄しべの花糸（雄しべの柄）の組織の中を突き進み，花の基部を通過し，さらに雌しべへと入り込み，受精をするのです（**図9-4b**）[6]。

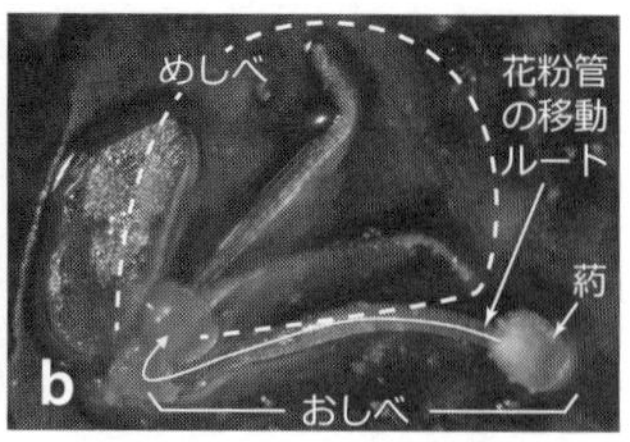

図 9-4　ミズハコベの奇妙な受粉

a）浮葉の脇に付く花（矢印⇨）は，風か小さな生物によって送粉されると考えられます。

b）水中に出来る花では，雄しべの中から花粉管が伸びてめしべの中の卵細胞に受精します。極めて珍しい方法です。

つまり，一度も水中に花粉が出ずにずっと体内を進んで受精するのです。受精をするために，自分の体の中を花粉が突き抜けていくわけで，筆者はこの論文を初めて読んだとき，気持ち悪くてゾクッとしました。

ミズハコベの方法を見ると，水中という環境がいかに送粉の大きな障壁となっているかということがよくわかりますし，その障壁を正攻法で突破した水面媒，水中媒の偉大さも改めて感じさせてくれます。

水草はどのように移動しますか？

Question 10

Answerer　田中 法生

風や鳥，そして水を使って巧みに移動します。

植物体が移動する

一般的に，水草の移動媒体には２つあります。１つは，植物体そのものや植物体の一部，もう１つは種子（コケ・シダ植物では胞子）です。まずは，前者から見ていきましょう。

浮遊性の水草であるウキクサの仲間（サトイモ科ウキクサ亜科）やアカウキクサ属などは，植物体全体の大きさが1mm～10mm程度と小さく，水面に浮いて生活しているため，水で流されたり，鳥の足に付いたりして，植物体ごと移動することができます（**図 10-1**）。長時間水からでてしまうと乾燥で枯れてしまいますが，泥などと一緒なら数時間程度は生きられます。陸上植物（コケ植物，シダ植物，種子植物）の中で，植物体ごと移動できる種は，おそらくこれらの水草だけではないかと思います。小さくて，浮かんでいる，ことが有利に働く瞬間です。

植物体の一部が移動する場合にも，さらに２つの方法があります。１つは，通常の茎葉の一部が水流などでちぎれて，“切れ藻”として水流に乗って移動したり，鳥の足などに付いて移動したりするものです。クロモやコカナダモなどで行われる方法ですが（**図 10-2**），外来種であるコカナダモとオオカナダモが，日本には雄株しかいないために種子を作れないにも関わらず，日本全国の水域に入り込んでいる事実は，その移動力をよく表しています。何しろ，数cmほどの茎葉が流れ着きさえすれば，そこで根を出して定着する可能性があるのですから，恐ろしいほどです。もう１つは，冬越しのために作られる殖芽

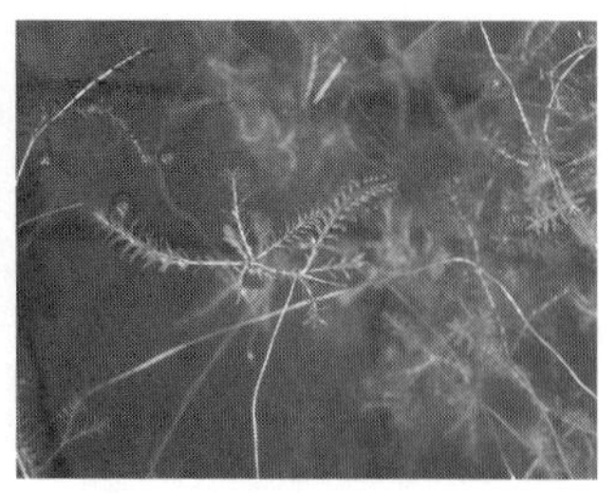

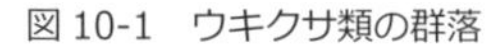

図 10-1　ウキクサ類の群落

図 10-2　“切れ藻”から根を出すコカナダモ

（Q7 参照）という器官が，鳥の足に付くなどして移動する方法です。殖芽自体は水底に沈むため，切れ藻ほどの拡散力ではありませんが，水草を特徴付ける移動方法です。

種子をいかに運ばせるか

次は，もう 1 つの移動手段である種子です。陸上植物は固着する生物なので，前段で紹介したような植物体そのものが移動することは水草ならではの例外であり，ふつうはありえません。そのため，種子を移動させる（以降，種子散布または散布）方法には，進化上の様々な工夫が見られます。

陸上の植物では，風，鳥，動物，アリによる散布や，自ら弾き飛ばす散布などがありますが，水草においては，風，鳥に加えて，水による散布が一般的な方法です。風散布は，陸上の植物との違いはほとんどありません。水散布はいかにも水草らしい方法なのですが，実は鳥による散布も水草の生育環境と強く関連があり，これまでは想像もしなかったような水草の移動に関わっていることが明らかになってきたのです。この後，水散布について，Q11 では鳥散布について，具体的な例と最新の知見を紹介します。

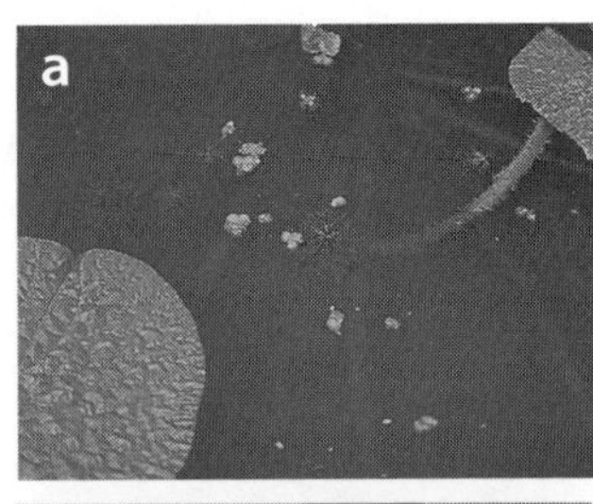

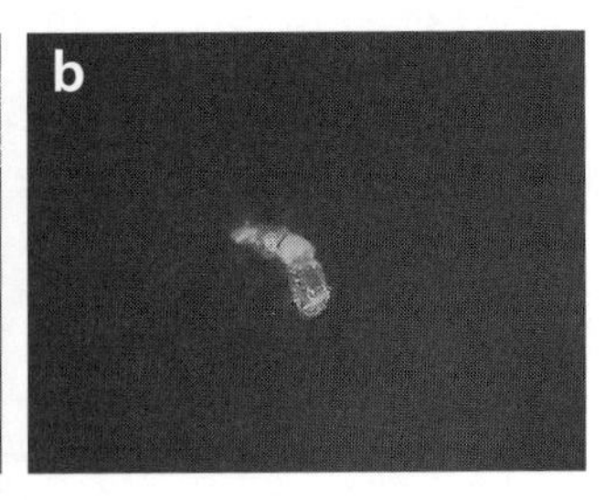

図 10-3　水散布する水草の種子
a）水面に浮くオニバスの種子
b）水面に浮くヒツジグサの種子
c）水面に浮くサイジョウコウホネの種子

水による散布

オニバスやヒツジグサ，コウホネの種子は水に浮かぶことによって，水面を移動することができます。オニバスは，クリの毬（いが）のような果実を付け，その中にたくさんの種子を作ります。種子そのものには浮力はありませんが，寒天のような仮種皮という部分に包まれており，水に浮くことができます（**図 10-3a**）。しばらく，水面を移動した後，仮種皮が外れると水に沈んで，水底で発芽を待つ，という仕組みです。

ヒツジグサもよく似た方法で，種子は半透明の袋のような仮種皮に包まれていて，この仮種皮が腐るまでは水に浮いています（**図 10-3b**）。また，コウホネ属も，スポンジ状の仮種皮により，種子が水面を漂います（**図 10-3c**）。

水草の種子散布として水散布は当然と思われるかもしれませんが，実際には水散布を行う水草はあまり多くありません。特に種子そのものには浮力がないことが多いのは，最終的に種子は水底に沈む必要があるからです。海岸に生育するハマヒルガオやココヤシのように海流で散布される種子が高い浮力を持っているのは，最終的には浜辺に打ち上げられることで最適な生育環境にたどり着けるからだと考えられます。水草で見られる「しばらくの間だけ浮く」種子は，水面を移動することと，最後に沈むことの両方を実現するために，よく出来た仕組みなのです。

魚に運ばれる？

陸上でリスなどに種子が食べられて運ばれるように，水中で魚に運ばれることはないのでしょうか？　研究例は少ないのですが，川の岸部に生える樹木の種子が水中に落下し，それを魚が食べて運ばれるという報告があります。しかし，水草については，コイの仲間の糞の中に入っていたヒルムシロ科の種子の中で，ごく一部の種子に発芽能力が残っていた，という結果がせいぜいというところです[3)]。つまり，あまり広い範囲の移動には役に立っていないということになります。しかし，世界は広いですから，何か驚くような魚散布をする水草がいる可能性は十分にあると思います。

渡り鳥も水草を運ぶって本当ですか？

Question 11

Answerer　田中 法生

本当です。しかも，何千 km もの長距離を渡り鳥に乗って運ばれたと考えられる事例が，最近の研究によって明らかになってきました。

渡り鳥に乗って長距離を移動する

水草が渡り鳥によって運ばれることは，進化論で有名なダーウィンも推測していました。水草の種子の中には，鳥による散布に適していると考えられるものがありますし（**図 11-1a ～ d**），陸上に点々と存在する湖沼や河川をまたいで水草が分布することなどを考えると，少なくとも，ある程度の近い水域での移動には，鳥が関係していることは間違いないでしょう。しかし，実際にどの程度の距離を運ぶことができるのかについては，ずっと未知のままでした。

その中で，渡り鳥と水草の衝撃的な事実が，近年明らかになってきたのです。その発端は，カワツルモという汽水性の水草の研究からでした（**図 11-2a**）。

カワツルモ科カワツルモ属は世界中の熱帯から温帯にかけて分布しており，世界に 2 種しかいないと言う学者もいれば，10 種に分けられると言う人もいるという，全体像はよくわかっていない植物群でした。そして何よりもカワツルモに興味を持った理由は，小笠原やハワイ，バヌアツなどの海洋島にことごとく分布しているという点でした（**図 11-2b**）。海洋島とは，海洋上に噴火によって出来た島で，最近誕生した小笠原諸島の西之島新島でわかるように，最初は植物は何も生育していません。そこで生育するには，他の土地からの種子散布などが

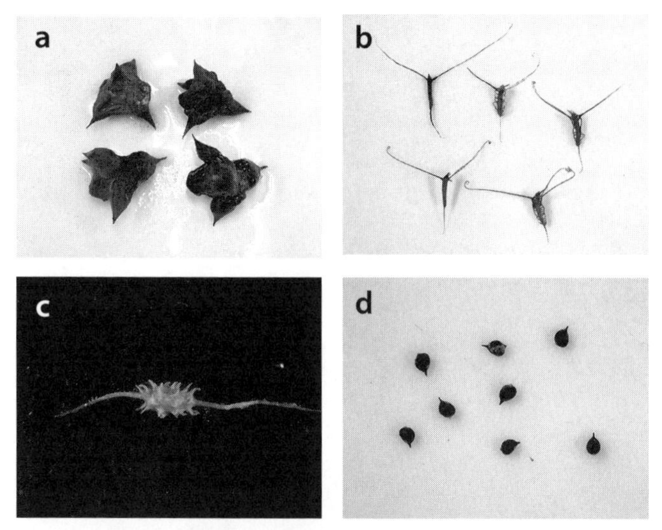

図 11-1　鳥散布する水草の種子
a）オニビシ，b）ヒシモドキ，c）スブタ，d）カワツルモ

図 11-2　カワツルモ
a）カワツルモ，b）小笠原諸島南島のカワツルモ群落（中央の池）

必須です。つまり，カワツルモは他の水草に比べて，遠くへ移動する能力が高いと予想できたのです。そこで，共同研究者である伊藤優さん（摂南大学）が中心となって，世界のカワツルモの進化の歴史を明らかにして，分類を明確にするところから研究を始めました。

図 11-3　カワツルモ属の１種（ルッピア・メガカルパ）の長距離移動
●がルッピア・メガカルパ，◎が他のカワツルモ属種の分布を示す。

ＤＮＡを用いた解析の結果，世界中のカワツルモ属には遺伝的に異なる複数のグループがあることがわかりました[4) 5) 6)]。これまで同じ種と思われていたものの中に，実はいくつかの種が含まれていたこと，そしてそれらは，違う種同士が交雑したりして，複雑に進化してきたこともわかりました。

そしてこの解析によって，さらに衝撃的な事実が明らかになりました。オセアニアに固有のカワツルモ属の種と考えられていたルッピア・メガカルパ（後にネジリカワツルモとしました）が，日本の佐渡島やロシアにも生育していることが明らかになったのです。その間の地域には，他のカワツルモ属がいるにも関わらず，北半球と南半球で 8000km も離れた地域に同じ種が生育しているとはどういうことでしょうか？　歴史の古い植物ならば，大陸移動によって生じる可能性もありますが，5000 万年前頃に出現したと推定されるカワツルモ属の場合は考えられません。そうなると，長距離を種子が移動したということになり，海に生育しない，風に乗るほど種子は軽くないことを考えると，渡り鳥が運んだと考えるしかありません（**図 11-3**）。

水草は世界中を移動する

果たして本当に渡り鳥が水草の種子を 8000km も運ぶのでしょうか？　渡り鳥のほとんどは湿地性の種類であることもこの仮説を後押ししていますが，これだけの距離を移動するのはシギ・チドリの仲間に限られるそうで，彼らは肉食性で水草は食べません。そうなると羽などについてきた可能性が考えられます。

この驚くような結果を見て，こうした長距離移動はカワツルモだけに起こりうることなのか？，という考えが沸き起こりました。もしかしたら，他の水草にもあり得ることかもしれないと。それが見つかれば，カワツルモの渡り鳥移動説もさらに信憑性が上がります。

そこで，様々な水草についても研究を行ったところ，同様な事例があることが実際に明らかになってきました。例えば，カヤツリグサ科ビャッコイ属[7]では，アフリカ→オーストラリア，さらにオーストラリア→日本，ヒルムシロ科アルテニア属[8]では，オーストラリア→アフリカ，ゴマノハグサ科キタミソウ属[9]では，アフリカ→オーストラリア，において種子散布が起こった可能性が高いことが示されたのです。

これらの結果が得られたことは，非常に嬉しかった反面，考察はさらに混沌としてしまいました。というのは，渡り鳥が動く範囲は南北方向に限られると考えられているため，東西方向の散布は考えにくいからです。他に，可能性があるのは風くらいです。ビャッコイ属，イトクズモ属，キタミソウ属の種子は大きくはありませんが，簡単に風に舞うほど微細でもありません。しかし，微細ではない種子や時には生物そのものすら，稀に発生する強風に乗って散布されるという考えはこれまでにもありました。状況証拠が出てきた以上，渡り鳥に加えて，風による長距離散布も水草を長距離移動させる方法として頭に入れておく必要がありそうです。

ＤＮＡを利用した解析により，これまでに考えてもいなかった長距離の散布が次々に確認されるようになりました。地球規模での水草の移動について，今後さらに面白いことが明らかになると期待しています。

世界最大の水草・最小の水草を教えてください。

Question 12

Answerer 厚井　聡

水草の中で最も大きな葉をつける植物はオオオニバスで，葉の直径は2m以上（最大3m）にもなります。一方，世界最小の水草ミジンコウキクサは，0.5mmほどしかありません。

水草最大の葉を持つオオオニバス

オオオニバスは南米のアマゾン川原産の水草で，スイレン科に属します（**図12-1**）。他のスイレン科の仲間と同じく，葉を水面に浮かべて生育する浮葉植物です。葉の直径は2m以上（最大3m），葉の柄（葉柄（ようへい）と呼ぶ）の長さも数mに達します。葉の裏側は非常に特徴的な構造をしています。葉脈が盛り上がり，小さな部屋がたくさん作られます。そして，その小部屋に空気がたまって，大きな浮力が発生します。葉の内部もスポンジ状になっていて，空気をためる構造になっています。オオオニバスの巨大な葉は，このような仕組みによって水面に浮かびます。

葉柄は，陸上の植物では葉を支える重要な部位です。ところが，オオオニバスでは葉は自ら水面に浮かぶため，葉柄が支える必要がありません。葉柄は空気を通す通気組織が発達したスポンジ状をしており，葉を陸上で支えるだけの強度はありません。

最も小さな水草はミジンコウキクサ

最も小さな水草はミジンコウキクサというサトイモ科の仲間です。この植物には根がなく，葉状体と呼ばれる部分のみから構成されており，水面に浮かんで生活する水面浮遊植物です。

図 12-1　オオオニバス

葉状体は非常に小型で，約 0.5 mm ほどの大きさです。花も小型で，雄花，雌花ともに約 0.2 mm ほどの大きさしかありません。ミジンコウキクサの場合は，茎や根が退化して，葉状体は茎と葉に相当すると解釈されています [1)]。

水草の体の作りは，陸上の植物と違うのですか？

Question 13

Answerer 厚井　聡

基本的な体の作りは変わりません。しかし，体が作られていくときの発生のしかたや環境への応答の違いによって，特殊な水中生活に適応しているものが見られます。

陸上植物の体の基本

植物の体は，基本的には根・茎・葉の３つの器官から作られています（**図 13–1**）。土壌中に発達する根は，円柱状をしており，水分や栄養分を吸収し，地上部（茎や葉）が倒れないように支える役目を担っています。地上に発達する茎も，同じく軸状をしていて，枝分かれする茎に葉をつけます。葉は扁平な形をしており，太陽光を吸収して光合成を行ったり，気孔から二酸化炭素を取り込んだり酸素を放出したり，水分の蒸散を行ったりします。これら３つの器官のうち根と茎の先端には，それぞれ根端分裂組織と茎頂分裂組織と呼ばれる領域があります。この２つの分裂組織では，活発に細胞分裂が起こっていて，次々と細胞が作り出されています。この作り出された細胞は様々な種類の細胞へと分化していき，それぞれの器官で役割の異なる組織を作り上げていきます。根では，根の先端を保護する根冠や，表皮，維管束などが作られます。茎では，茎の組織が作られると同時に，作り出された細胞の一部は葉へと発達していきます。

植物の体作りで重要なこととして，枝分かれすることが挙げられます。根の場合は，新しく出来る根のことを側根と呼びますが，側根は主根の維管束組織の周辺から発生し，主根の表皮を突き破って外に現れます。つまり根は新しい根を内部からつ

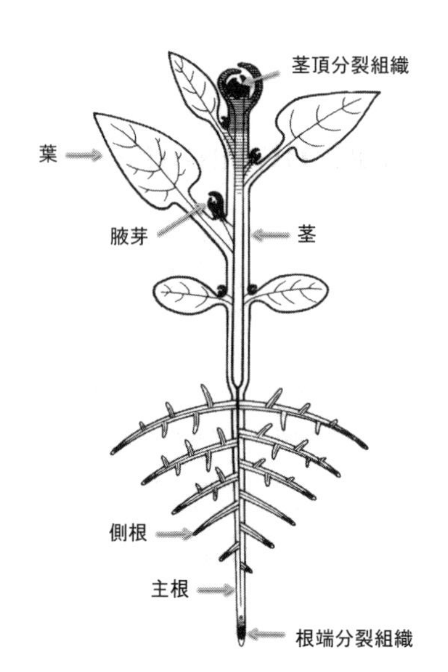

図 13-1　被子植物の基本的な体制（Fahn［1990］を改変）

くって分枝をします。一方，茎は葉の付け根（葉腋と呼びます）に新しい芽（腋芽と呼びます）が出来て，それが成長することで枝分かれします（**図 13-1**）。従って，根からは根が生じ，茎からは茎が生じるというパターンが植物に共通した枝分かれのやり方です。

しかし，植物はこのルールから外れた器官の発生パターンを見せることがあります。その 1 つが差し戻しで見られるような茎から根が発生する場合で，この根を不定根と言います。その逆に，根や葉から茎が生じることがあります。これを不定芽と呼びます。不定根形成や不定芽形成は，基本的なルールではないのですが，種類によってはこの器官形成がもはや普通になっている種類も多数います。それは，植物は，その生育環境に合わせて体の構造を進化させており，特殊な環境で生育する場合には，基本ルールから外れた体作りをすることがあるのです。

イネやアシのような単子葉植物では，主根が発達せずに，多数の根が胚軸や茎から生じます。これらの根も不定根の1種で，特別にひげ根と呼ばれています。また，洪水などにより陸生の植物が冠水した時に不定根を形成することがあり，この不定根は気根として機能します。

植物には，細胞が根・茎・葉などに分化した状態から，様々な種類の細胞や組織へ分化できる状態（未分化な状態）に戻る能力が備わっています。分化した状態から未分化状態へ戻ることを脱分化と言います。植物の茎の組織は脱分化することで再び根を作りだす能力を獲得し，この能力により茎の途中から新しい根が作られます。このように，本来の場所とは異なる場所から新しい器官が出来るという特徴は，動物とは異なる植物の大きな特徴と言えます。

水草では

不定根は水草ではむしろ一般的な特徴になっています。例えばハス（ハス科）は茎が肥大化した地下茎（レンコン，蓮根）が水底をはうように成長していきます（**図13-2**）。そして，茎と茎の間の節（せつ）と呼ばれる部位から不定根が多数作られています。この節からは葉も作られており，同じ場所から葉と根が出ていることになります。ミクリ（ミクリ科）は抽水生の多年草で，

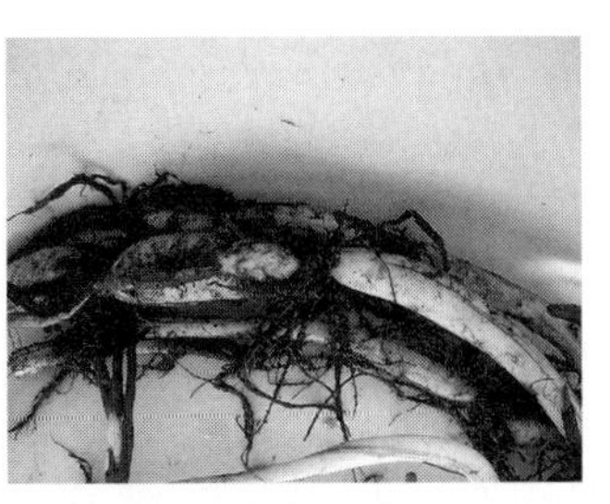

図13-2　ハスの地下茎（レンコン）

図 13-3　カワゴケソウ科の生育環境（タイ）。
水没した岩に固着して生育する。露出した岩に固着しているカワゴケソウ科は花を咲かせている。

図 13-4　激流中で生育するカワゴケソウ科植物（*Polypleurum wallichii*；タイ）。

クリの毬(いが)を思わせる果実を作ります。ミクリも茎が地下を伸長して根茎となり，その節やそれ以外の部位から多数の不定根が形成されます。ヒシ科のヒシやオニビシでは，水中を長く伸びる茎の途中から不定根を水中に伸ばしています。

さらに特殊な進化

上述の不定根とは反対に，不定芽をたくさんつける植物もいます。その代表例がカワゴケソウ科です。この植物は，早瀬や滝などの川底の岩盤や大きな石に固着して生育します（**図 13-3**）。降水量の多い雨季は河川の水位が高く，カワゴケソウ科は完全に水没した状態で激流にさらされながら成長します（**図 13-4**）。乾季になり水位が低下すると，植物体は張りついている岩ごと水上に露出します。そして，水上に現れた部位に花をつけ，結実して種子をつけます。種子は胚乳をもたず，微小で風によって散布されます。種皮は水に濡れると粘着性の物質を出すので，乾季に散布された種子は，雨に濡れたり水に浸かったりすると岩に固着します。そして，雨季になって水位が上昇してくると，水中で発芽して成長を始めることになりま

図 13-5　テルニオプシス属（タイ）
軸状の根の側面にシュート（矢印➡）が並んでいます。

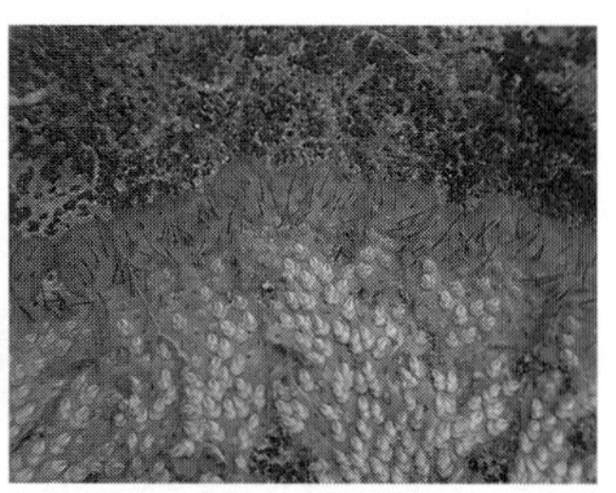

図 13-6　カワゴロモ属（ラオス）
葉状の根の上面に針状の葉と花のつぼみが生じています。

す。形も非常に変わっていて，一見するとコケ植物や海藻（ヒジキなど）のような姿をしていますが，花を咲かせるれっきとした被子植物です。

カワゴケソウ科は急流中の岩に固着して生育するため，茎を高く伸ばしたり，根を地下に伸ばしたりすることができません。その代わり，根が岩に固着して横に伸び，根から規則的にシュート（茎・葉）を作ります。**図 13–5** はカワゴケソウ科の中でも初期に誕生した分類群のテルニオプシス（*Terniopsis*）属ですが，石の表面を細長い根が伸長し，根の側面に茎・葉（シュート，**図 7–5 参照**）が比較的規則正しく並んでいます。カワゴロモ（*Hydrobryum*）属では根が葉のように緑色をして扁平になり，その上面に針状の葉や退化した花をつけます（**図 13–6**）。このように，不定芽形成を行うことで他の陸上の植物とは異なる器官の配置を行い，水流と岩にはさまれた平面的な空間に適した構造を獲得しています。

カワゴケソウ科のダルゼリア（*Dalzellia*）属は，根をもたず，扁平な茎が岩に固着し，その背面と周縁に葉をつけます（**図 13–7**）。面白いことに，扁平な茎の背面の所々にタンポポのように多数の葉をロゼット状につけます。ふつうの陸上の植物で

図 13-7　ダルゼリア属（タイ）

は新しい茎（側枝）は葉の腋の表層から発生しますが，このロゼット状の葉は茎の内部に出来て，上面の表層を突き破って発生する不定芽の 1 種です。

水草が虫を食べるって本当ですか？

Question 14

Answerer　川住 清貴

本当です。世界中で約 30 種が虫を食べる水草として知られています。昆虫などの小動物を捕食することで必要な栄養素を吸収する植物のグループを食虫植物と言います。食虫植物は，砂漠と極地を除いた世界各地に分布しており，現在のところ 11 科 21 属 563 種（研究者によっては 10 科 19 属）が報告されています。

この中でモウセンゴケ科ムジナモ属のムジナモとタヌキモ科タヌキモ属の一部（世界に約 30 種）が水草の食虫植物，言わば食虫水草です。

食虫植物はなぜ虫を食べるのか

食虫植物はなぜ昆虫や小動物を食べるのでしょうか？　植物の気まぐれ？，そうではありません。現在，11 の科にわたって 500 種以上の食虫植物が存在していると書きましたが，食虫方法も実に多様で，大きく分けて以下の 5 パターンがあります。

① ハエ取り紙のような粘着式（モウセンゴケなど）
② ツボのような形をした落とし穴式（ウツボカズラなど）
③ 二枚貝のような形をした閉じ込み式(ハエトリグサなど)
④ スポイトのような吸い込み式（タヌキモなど）
⑤ らせん状の管の中に虫を誘い込んでつかまえる迷路式（ゲンリセアなど）

いずれも巧妙な仕掛けになっており，様々な植物が，それぞれの環境で長い年月をかけて食虫能力を進化させた結果と言えます。500 種以上の植物が駆使する“食虫”のメリットとは何か。秘密は食虫植物の自生地にあります。

食虫植物は熱帯雨林のジャングル，切り立った崖，湿地など様々な環境に生えていますが，これらにはある共通点があります。それはどの環境も貧栄養な場所であるということです。貧栄養とは文字通り栄養素に乏しいという意味であり，そういう場所は多くの植物にとっては生活しづらい過酷な環境です。そして，このような環境では生育する植物の種類が少なくなり，結果として植物同士の競争（光や栄養分をめぐる争い）は大幅に減少します。

そこに目を付けたのが食虫植物です。地面から確保できない栄養素をそこらへんにいる小動物を食べることで補えれば，例え貧栄養な土地でも生育は可能であり，競争相手がいないぶん，その環境は自分たちで独占できるというわけです。

このようにして，生存競争に勝ち抜くための一手段として，食虫植物は「虫を食べる」という能力を獲得したのです。

さらに，食虫植物のなかには，水中という環境に適応したものが現れました。それが食虫水草のムジナモとタヌキモ科の一部の植物たちです。

ムジナモについて

ムジナモはモウセンゴケ科ムジナモ属の植物で，1 属 1 種の珍しい食虫水草です。根は無く，水面下を漂いながらプランクトンやボウフラなどを食べて生活をしている水草で，ため池や

図 14-1　水中を漂うムジナモ

図 14-2　ムジナモの捕虫嚢
左：捕虫前のムジナモ　右：カイミジンコ（矢印➔）を捕らえた様子

湖沼に生育しています。

ムジナモという和名は，日本での発見者である，植物学者の牧野富太郎博士によって名づけられました。ムジナとはアナグマの別称で，ムジナモ全体の形がムジナの尾に似ているためこの名がついたと言われています。茎の節に 6 ～ 8 枚の葉を風車状につけ，それが幾重にも連なった姿はフサフサした感じがあり，確かに動物の尻尾のようです（**図 14-1**）。

このように変わった形をしているムジナモですが，実は，あの有名なハエトリグサと同じ科の植物で，食虫方法も同じ閉じ込み式です。

二枚貝状の捕虫葉（虫を捕まえるために変形した葉）には内側に感覚毛という一種のセンサーがあり，そこにプランクトンやボウフラが触れると素早く葉を閉じて「パクッ」と捕まえる仕組みになっています。葉が閉じるスピードはわずか 0.02 秒と言われており，水中で素早く動くミジンコなどもちゃんと捕まえることができます（**図 14-2**）。

葉が閉じた後は 30 分～ 1 時間かけてピッタリと密着して一時的な胃袋のようになり，その後はタンパク質を分解する様々な酵素が分泌されて消化が始まります。そして栄養分を吸収した後は数日かけて元の状態に戻り，次の捕獲に備えます。

2

水草の生態

タヌキモ類について

ムジナモがアナグマの尾に例えられたのに対して，タヌキの尾に例えられた食虫水草がタヌキモの仲間（以下「タヌキモ類」と書きます）です。

タヌキモ類はムジナモと同様，水面下で漂いながらプランクトンやボウフラなどを食べる浮遊性の根無し草で，房状の体つきもよく似ています（**図 14-3**）。しかし，ムジナモはモウセンゴケ科ムジナモ属，タヌキモ類はタヌキモ科タヌキモ属という，全く別グループの植物であり，食虫方法は全く異なります。

図 14-3　タヌキモ類の一種イヌタヌキモ

タヌキモ類の捕虫葉は袋状になっているため捕虫嚢（のう）とも呼ばれます。この捕虫嚢は普段は水分が排出されてつぶれており，ドアによって硬く閉じています。ちょうど，スポイトのゴムキャップを指で押しつぶした状態です。そして捕虫嚢の入口の背側にはツノ状のヒゲ毛が 1 対と，ドアの表側には 2 対のトゲが生えています（**図 14-4**）。

食虫のきっかけはこのトゲにあり，水中をピョコピョコ泳いでいるミジンコなどの小動物がちょっとした拍子にトゲに触れてしまいます（**図 14-5**）。すると，その瞬間，このトゲはテコ棒のような働きをしてドアを開け，今度は開放されたスポイト

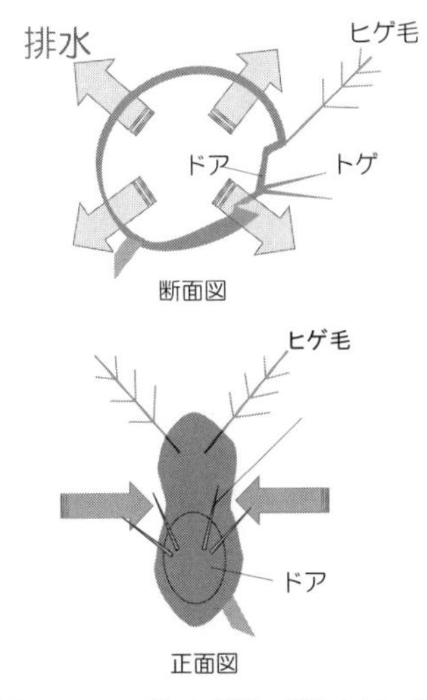

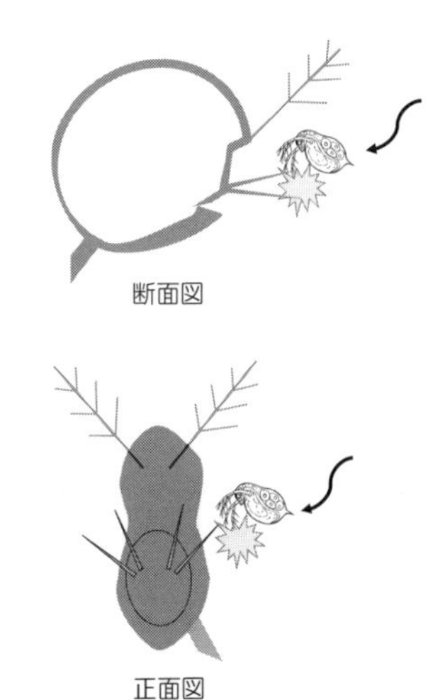

図 14-4　つぶれた状態で獲物を待つ捕虫嚢

図 14-5　ミジンコがトゲに触れる

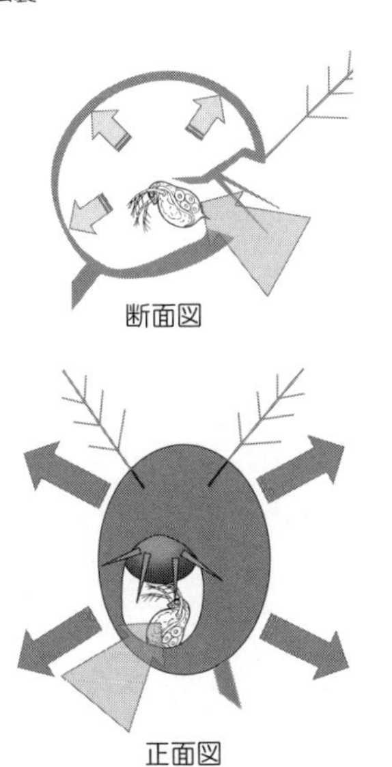

図 14-6　ドアが開いて水ごと吸い込む

のように水ごと小動物を内部に吸い込んでしまうという仕掛けになっています（**図 14-6**）。複雑な構造をしていますが捕虫の仕方としては実にシンプルで，水をうまく使った食虫水草ならではの妙技といえるでしょう。

図 14-7　捕虫嚢が少ないフサタヌキモ

タヌキモ類は世界に約 30 種あり，大きさや形は多少異なりますが，どの種も上記と同じ構造の捕虫嚢が多数ついています。

ところが，日本には捕虫嚢をほとんどつけないか，あってもごく少数という，とても変わったタヌキモ類の一種が分布しています。名前は「フサタヌキモ」といい，文字通りフサフサした葉がついている比較的大型のタヌキモ類です（**図 14-7**）。捕虫嚢がほとんど無いのに，いったい，どうやって大きな体を支える栄養分を補っているのでしょうか。

実は，タヌキモ類は捕虫嚢からの栄養補給だけで生活しているわけではありません。根が無く水中を漂っているため，浮遊植物として分類されることが多いですが，花とその花茎以外（葉や茎）は全て水中にあり，本質的には，沈水植物です。

したがって，多くの沈水植物と同じように，葉や茎を通して水中から必要な栄養素を吸収することが可能であり，タヌキモ類は，小動物由来で捕虫嚢経由と，水中由来で茎・葉経由の 2 パターンで栄養吸収を行っていることになります。

しかし，フサタヌキモには捕虫嚢がほとんどありません。そこで，後者の栄養吸収に特化することで栄養補給をしているものと考えられます。実際，他のタヌキモ類があまり好まない，やや富栄養な池沼に生育していることが多いようです。

なぜ，フサタヌキモだけが上記のような性質と形態を持つようになったのか謎ですが，このような謎こそが人知を超えた自然界の妙であり，水草を研究するおもしろさかもしれません。

強そうな食虫水草が絶滅危惧種って本当ですか？

Question 15

Answerer 川住 清貴

本当です。食虫水草の多くが絶滅危惧種に指定されています。

巧みな食虫方法を駆使するムジナモは，1 属 1 種の珍しい植物でありながらユーラシア，アフリカ，オーストラリアに広く分布・生育していたワールドワイドな水草でした。「でした」と過去形になっているのは，現在，ムジナモは世界各地の自生地で激減しており，日本においても絶滅危惧ＩＡ類（ごく近い将来における野生での絶滅の危険性が極めて高いもの）に指定されるほどの希少種になっているからです。一度，絶滅の危機にあった植物が再び元の状態に戻るのは容易ではありませんが，現在，日本最後の自生地であった宝蔵寺沼のある埼玉県羽生市では熱心な保護活動が行われています。一時はほぼ絶滅の状態でありましたが，近年は，ムジナモの生育できる環境づくりが成功し，現地で繁殖する個体も増加し，安定した個体群が維持されています。

一方，「吸込み式」という非常に洗練された捕虫方法を獲得したタヌキモ類ですが，ムジナモ同様，こちらもその未来は明るいとは言えません。中でも日本の固有種であるフサタヌキは深刻で，現在，野生状態で見ることはほとんどありません。もともと稀な種なので自生地も限られているのですが，環境の悪化や開発の影響が重なり，環境省の「レッドリスト 2018」では絶滅危惧ＩＢ類（**Q24**，**112 ページ参照**）として記載されています。そして，このような事例は，残念ながら他の多くの食虫水草にも当てはまりつつあります。

かつて，ムジナモやタヌキモ類などの食虫水草は，日本各地のため池や湿地などで生育していました。ムジナモに関しては元々自生地が限られていましたが，それでも，東京，埼玉，茨城，群馬，新潟，京都など西から東まで幅広く自生地があったようです。

また，タヌキモ類についても，種によって多少の偏りはありますが（フサタヌキモやオオタヌキモなど），日本中の水辺で見ることができました。しかし人間活動の影響により，水質汚染などで自生地の環境が悪化あるいは消失し，今ではその多くが姿を消しつつあります。

前述のとおり，ムジナモは日本においては野生絶滅の一歩手前のところまできており，その後を追うようにフサタヌキモが危機的な状況に追い込まれています。

そして，それらに続き，かつては普通種だったノタヌキモが絶滅危惧Ⅱ類に，イヌタヌキモが準絶滅危惧種にと次々にレッドリスト入りし，日本の在来タヌキモ類９種のうち，なんと，８種が環境省の「レッドリスト」に記載されている状態です（**表 15–1**）。

生き残りをかけ，長い年月を要して築き上げた食虫能力も急速な環境変化の前では無力であり，食虫水草が全滅するのも時間の問題かもしれません。これ以上状況が悪化しないためにも，もう少し自然環境に配慮した生活を送る必要がありそうです。

表 15-1　日本産のタヌキモ類 9 種の現状

環境省レッドリストランク※	和　名	分　布
絶滅危惧ⅠB類	フサタヌキモ	本州（東北・中部・近畿・中国）
絶滅危惧Ⅱ類	ノタヌキモ	本州・四国・九州
絶滅危惧Ⅱ類	イトタヌキモ（ミカワタヌキモ）	本州（東海・近畿）・九州・沖縄
絶滅危惧Ⅱ類	ヤチコタヌキモ	北海道・本州（東北・関東・中部）
準絶滅危惧種	ヒメタヌキモ	北海道・本州・四国・九州
準絶滅危惧種	タヌキモ	本州・九州
準絶滅危惧種	イヌタヌキモ	北海道・本州・四国・九州・沖縄
準絶滅危惧種	オオタヌキモ	北海道・本州（関東以北）
記載なし	コタヌキモ	北海道・本州・九州（大分県）

※ **Q24**，**112 ページ参照**

水草も紅葉しますか？

Question 16

Answerer 厚井　聡

陸上の植物は秋から冬にかけて葉が赤色や黄色に色づいて落葉します。水草にも気温の低下に伴って紅葉する種類がいます。

紅葉とは

そもそも紅葉とはどういう現象でしょうか？　紅葉とは「葉が緑色から赤色，黄色，褐色などに変化し，落葉する現象」のことです。植物の葉の細胞内には，光合成を行う葉緑体が存在しています。光合成は二酸化炭素から水とグルコース（ブドウ糖）を作る反応ですが，その時に太陽からの光エネルギーを必要とします。葉緑体はクロロフィルという色素をもち，この物質が主に青色と赤色の光を吸収します。一方，緑色の光は吸収されにくく，一部が反射光として葉の内部から外に出て行くために，葉は緑色に見えます。秋になり気温がだんだん低くなると，イチョウやカエデなどの落葉樹では葉が色づき始め，冬を前にいっせいに葉が落ちてしまいます。この時植物の体内では，葉緑体が分解されて貴重な物質の回収が行われています。葉緑体のクロロフィルにはマグネシウム（Mg）が利用されており，紅葉の際にマグネシウムは希少元素として回収されます。同時にアントシアニンという赤色の色素が合成・蓄積することで，葉が紅色になります。

また，紅葉には，葉が赤くなるもののほか，イチョウに代表される黄色に変化するタイプもあります。葉緑体にはキサントフィル類という黄色を呈するカロテノイドという物質が含まれています。クロロフィルが分解され，カロテノイドが葉緑体に残存することで葉が黄色に変わります。これらの紅葉現象は，植物の老化現象と呼ばれるものの1つで，遺伝的にプログラムされ高度に調節された過程です。

一方，多年草の草本で紅葉する場合は，クロロフィル分解は起こらずに主にアントシアニンが蓄積することで赤色に変化しています。アントシアニンが積極的に合成・蓄積される意義については，いろいろな説が提案されていますが，よくわかっていません。

紅葉する水草

紅葉する水草の例として，タコノアシ（タコノアシ科）という植物があります（**図 16–1**）。河川の氾濫原などに生育する湿生または抽水植物で，夏に緑色の花被片に白い柱頭を持つ花を咲かせます。この植物は，秋になると葉が真っ赤になりますが，果実や茎も赤色になります。茎に果実が並んでいる姿が，ゆでダコの赤い足に見えることからタコノアシという名がつけられています。湿地などに生える多年草のミソハギ（ミソハギ科）や沈水状態のヤナギタデ（タデ科）なども真っ赤に紅葉する水草です（**図 16–2**）。タコノアシやミソハギなどの赤くなった葉は，その後落葉します。

黄葉する水草もあります。シソ科のシロネは多年草の湿生植物で，白い地下茎を伸ばします。果実が成熟する秋から冬にかけて，葉が黄色に変化します（**図 16–3**）。カヤツリグサ科のオオクログワイ（**図 16–4**）やウキヤガラ（**図 16–5**），イネ科のマコモ（**図 16–6**）も多年草の抽水植物で，気温が低下してくると葉が黄色に色づきます。

図 16-1　タコノアシ

図 16-2　ミソハギ

図 16-3　シロネ

図 16-4　オオクログワイ

人工的に紅葉を誘導することができる水草も知られています。トチカガミ科は多様な水生植物からなる分類群ですが，浮葉性のヨーロピアンフロッグビット（*Hydrocharis morsus-ranae*）の葉に砂糖の主成分であるショ糖（スクロース）を与えるとアントシアニンが合成されて赤色になることが，およそ 120 年前に報告されました[1)]。その後，陸生植物や他の水草（オオカナダモなど）でも同様の現象が観察され，植物体内における糖分の増加がアントシアニン合成を誘導することがわかってきました[2)]。

図 16-5　ウキヤガラ

図 16-6　マコモ

世界一美しい「五色の川」とは？

Question 17

Answerer 厚井　聡

コロンビアのセラニア・デ・ラ・マカレナ（Serrania de la Macarena）に，世界で最も美しい川と称されるキャノ・クリスタル（Caño Cristales）という川[3]があります。この川は，別名「五色の川」とも呼ばれています。水草の紅葉がそのコントラストを作りあげているのです。

川の中で紅葉するカワゴケソウ科

渓流中に生育するカワゴケソウ科は花の時期に赤く色づく水草の１つです。鹿児島県の大隅半島に位置する錦江町に雄川という河川がありますが，その上流に「花瀬」と呼ばれる，幅約 100m，長さ約 2km にわたり河床に石畳が続いている場所があります。この石畳は溶結凝灰岩の岩盤で出来ており，広大な早瀬が広がっています。近くにはお茶亭跡も残されており，かつては島津のお殿様（19 代光久や 28 代斉彬）が，「花瀬出張い（はなぜでばい）」と称して来遊し景色を楽しんだ場所として有名です。「花瀬」の名は川面のしぶきを白い花に例えて呼んだものです。この景勝地の早瀬は，カワゴケソウ科の生育環境に非常に適しており，カワゴロモが生育しています。カワゴロモの花は，１本の雌しべと２本の雄しべ，そして細長い２枚の花被片（40 ページ脚注，※１参照）からなる非常に退化的な花をもちますが，めしべの柱頭は赤色をしており，子房も最初は緑色をしていますが少し赤みを帯びてきます。もしかしたら島津のお殿様も，カワゴロモの花の紅葉を楽しんだかもしれません。しかし，かつてはカワゴケソウ科植物の代表的景観と言われ，カワゴロモが敷き詰めたように生育していたとされますが，現在は上流にダムが出来たために絶滅が危惧されている状況です。

五色の川

カワゴケソウ科は，日本以外にも生育しています。前述したコロンビアのキャノ・クリスタル（Caño Cristales）という川がそうで，別名「五色の川」とも呼ばれる理由が生育するカワゴケソウ科にあるのです。

これは，7月から11月にかけてマカレニア・クラビゲラ（*Macarenia clavigera*）と呼ばれるカワゴケソウ科の1種が紅葉して真っ赤になり，他の植物や岩の色，空の色などと一緒に映し出されて，川が様々な色を呈するようになるためです。マカレニア属 *Macarenia* はマカレニア・クラビゲラ1種のみからなり，この種は花を包む特殊な膜器官の中に複数の花をつける点で，カワゴケソウ科の他の種とは大きく異なっています。マカレニア・クラビゲラはこのキャノ・クリスタル川にのみ生育しています。カワゴケソウ科は，乾季になり水位が下がると花をつけますが，ちょうどその時期に赤く紅葉していると考えられます。

カワゴケソウ科の他の種類にも赤く色づくものがいます。カワゴケソウ科の場合，茎や葉も緑色をしていますが，根も葉緑体をもっており光合成を行っています。ラオスのプーカオクワイ（Phou Khao Khouay）国立公園の河川や滝には数種類のカワゴケソウ科が共存して生育しています。これらのうち，ハイドロディスカス属のハイドロディスカス・コヤマエ（*Hydrodiscus koyamae*）は，河川の流れに漂うように長い

図 17-1　ハイドロディスカス・コヤマエ（*Hydrodiscus koyamae*）

図 17-2　ハイドロディスカス・コヤマエ（*Hydrodiscus koyamae*）

図 17-3　ハイドロブリウム・ベルコスム（*Hydrobryum verrucosum*）

シュート（茎・葉）を伸ばします（この植物は根を発達させません）。シュートは，水位の高い雨季には水没して成長し，緑色をしています。しかし，乾季になって水位が下がると，シュートに花のつぼみがつき，水面ぎりぎりのつぼみから順に開花して，水上に花が露出していきます。そのころには，シュートが赤く色づきます（**図 17–1**）。さらに水位が低下すると，花は結実して果実を実らせ，水上に露出したシュートは白くなって枯れてしまいます（**図 17–2**）。赤く紅葉する種類でも，少し日当りの悪い場所では紅葉していないことがあります。落葉樹の紅葉でも，日当りの良い葉ほどアントシアニンの合成・蓄積が促進されることが知られていますので，同様の現象だと考えられます。

　カワゴロモの仲間は葉状の根が葉緑体をもち光合成を行いま

すが，緑色から鮮やかな赤色に紅葉する根を持つ種類もいます。前述のプーカオクワイ国立公園のハイドロブリウム・ベルコスム（*Hydrobryum verrucosum*）は乾季になって水位が下がってくると，根が赤く紅葉し，根の表面から赤く色づいた花や苞（花を抱く葉）をつけます（**図 17-3**）。これもやはりクロロフィルが分解され，さらにアントシアニンが蓄積することで赤色に変化していると考えられます。上述のハイドロディスカス・コヤマエとハイドロブリウム・ベルコスムは，紅葉しない種類と共存しており，コロンビアのキャノ・クリスタル川ほど鮮明なカラフルさではありませんが，赤や緑に色づいた川の景色を楽しむことができます。

カワゴケソウ科の場合，水中でしか生きていられないことから，水上に露出して種子をつけると，白くなって完全に枯れてしまいます。紅葉する植物では，クロロフィルを分解して貴重な物質を回収して新たに作られる葉に使い回している訳ですが，カワゴケソウ科の場合には一年草のため，根などのクロロフィルを分解して回収した物質は，種子にまわされている可能性があります。また，蓄積するアントシアニンは，植物体が強光にさらされるカワゴケソウ科で葉緑体を保護していることが考えられます。

水草は海にもいますか？

Question 18

Answerer　田中 法生

水草は海にもいます。このように答えると，「ワカメとかコンブとかですよね」と言われるかもしれません。しかし，ワカメやコンブは海の水草ではありません。これらは海藻と呼ばれる藻類で，本物の「海の水草」は世界中におよそ50種しかいない少数派です。

海藻サラダと海草サラダ

ワカメなどが入ったサラダの表記で，「海草サラダ」と書かれているものがありますが，これは全くの間違いで，正しくは「海藻サラダ」です。間違えられた方の「海草」こそが，海に生きる水草で，ふつう食べません。海草は，本来は「かいそう」と読みますが，海藻と紛らわしいため「うみくさ」あるいは「シーグラス（seagrass）」と呼ぶことが多いです。

水草の中でも少数派

海草と海藻の最も大きな違いは，その誕生の歴史にあります。植物の最初の祖先が水中で誕生した後，海藻などが現れ，その後陸上へ進出して，多様な進化を遂げた後に，再び水中へ逆戻りしたものが水草です（Q1 参照）。その水草の中から，さらに海水中へ進出したものが海草です。つまり，陸上→淡水→海水へと進出した海草と，生物の誕生以来水中に居続けている海藻とは，その進化の歴史が全く異なる別の生物群なのです。

海草は，世界中におよそ50種しかおらず，ふつうは食用にはされません。市場にもスーパーにも並ばないので「海藻」に比べて馴染みのない方も多いでしょう。しかし少数派であるにも関わらず，地球の沿岸生態系の重要な役割を担っており，陸上から水中そして海水中への進出には驚くような進化が見られます。

淡水から海水への進出

海草の起源をもう少し詳しく見てみましょう。**図 1-2**（5 ページ）は，水草と海草の進化の過程を示しています。この図は，ＤＮＡのデータから推定した，被子植物（花の咲く植物）の進化の道筋を示した系統樹です。この中で，アミカケ（▒）で示したところが水草を含む植物グループで，下線を引いたところが海草を含むグループを示しています。つまり，矢印▶のところで淡水→海水への進出が起こった（＝海草が誕生した）ことを示しています。

この図から，水草が非常にたくさんの陸生の被子植物グループから誕生していることがわかりますが，その一方で，海草はその中のごく一部でしか誕生していないこともわかります。しかも，コケ植物やシダ植物で海中に進出したものはありませんから，全ての植物を見渡しても海草はこの 4 科（アマモ科，トチカガミ科，シオニラ科，ポシドニア科）11 属 49 種だけなのです（**表 18-1**）。

淡水の水草にとって，よほど海中へ進出することが難しかったのでしょうか？　この点については，**Q19** でさらに詳しく考えてみましょう。

表 18-1　世界の海草の全科全属

科	属	種数	分　布	特　徴
アマモ科 Zosteraceae	アマモ属 Zostera	15	世界の寒帯～熱帯（ほとんどは寒帯～温帯）	砂～砂泥地にはえる。地中の根茎はふつう長く伸びる。雌雄同株。雄しべと雌しべが交互に並ぶ細長い花序を作る。
	スガモ属 Phyllospadix	5	北太平洋岸の温帯～亜寒帯	岩礁上にはえる。雌雄異株。岩礁上に伸びる根茎は短く，根には細かい毛がはえる。
トチカガミ科 Hydrocharitaceae	ウミショウブ属 Enhalus	1	インド洋から西太平洋の熱帯～亜熱帯	葉が 1 m以上にも伸びる大型種。枯れた葉の繊維がブラシ状に残って，根茎を覆う。根茎は太く，直径約 1.5cm，根も直径 3 ～ 5mm と太い。雄性花水面媒で送粉する。
	ウミヒルモ属 Halophila	およそ 10	世界の温帯～熱帯	干潮時に干出するような浅い場所にも生える。葉がリボン状ではなく，楕円形や細長い楕円形。形態が単純な上に，分布や形態，特に生殖器官の情報が少ないため，種の分類は整理されていない。
	リュウキュウスガモ属 Thalassia	2	太平洋，インド洋，カリブ海，メキシコ湾沿岸の熱帯～亜熱帯	古い葉の繊維が茶色に枯れて残り，葉の基部を覆う。地中の根茎には多数の節が出来る。
ベニアマモ科 （シオニラ科） Cymodoceaceae	アンフィボリス属 Amphibolis	2	オーストラリア南部	直立する茎がよく分枝し，葉の先端が切形で両端が突出する。
	ウミジグサ属 Halodule	4	インド洋，太平洋西部，カリブ海，アフリカ西部の熱帯～亜熱帯	葉の先端の両端と中央が突き出て，中央に細い逆三角形の黒褐色の模様がある。根茎は細い。
	タラソデンドロン属 Thalassodendron	2	インド洋～東南アジア・オーストラリア	ベニアマモ属によく似るが，根茎の節間が短く，主に岩礁上にはえる。
	ベニアマモ属 Cymodocea	3	インド洋～太平洋西部，地中海の熱帯～亜熱帯	葉の先端は円形～切形。葉が出ているところ以外の根茎には節がない。
	ボウアマモ属 Syringodium	2	インド洋～太平洋西部，カリブ海の熱帯～亜熱帯	葉は円柱形。直立に伸びる茎からさらに分かれる茎の先に複数の花が咲く。
ポシドニア科 Posidoniaceae	ポシドニア属 Posidonia	3	地中海，オーストラリア南部	根茎に葉が直接つく。花茎に複数の花がつく。

海草はなぜ海水中で生きられるのですか？

Question 19

Answerer　田中 法生

陸上植物にとって塩は大敵です。海草が海水の中で生きられるのは，塩を体内から排出するしくみを持っているためです。

海には他にも植物の生育を阻む要素がたくさんあります。海草が海で生きられる理由を探っていきましょう。

海中で生きられる理由

海草（Q18参照）の祖先が生きていた陸上や淡水域とくらべて，海での生活にはどのような問題があるのかを考えてみます。

真っ先に思いつくのは，塩分を大量に含んだ海水です。台風で海水が陸地に吹き付けて野菜などの作物が塩害を受けたというニュースをご覧になったことがあるかもしれません。ふつう植物は塩水にとても弱いです。塩水に浸かると，体内に水分を取り込むことができなくなるからです。そのため，例えば淡水性の水草がそのまま海水に入っても枯れてしまいます。逆に言えば，海草は海水でも枯れない何らかの仕組みをもっていると推測されます。実はこの仕組みは海草全体においては未だわかっていませんが，アマモに関してはその仕組みが解明されつつあります。アマモの細胞膜は入り組んだ構造をしていて，細胞膜 ATPase（プロトンポンプ）がたくさん配置されています。このポンプにより，細胞内からナトリウムイオンを排出し，海水でも生きられることがわかってきました[1)]。他の海草においても，機構の違いがあるにせよ，このような海水に対応する機構が備わっていると考えられます。

次に，波による激しい水の動きがあります。淡水域でも激流

図 19-1　海草の群落

a）干潟のアマモ群落，b）珊瑚礁のラグーンに広がる熱帯性の海草群落

が流れる河川はありますが，カワゴケソウ科（**Q13 参照**）を除いて，そのような場所には水草はまず生育できません。海草の主な生育環境は，干潟・湾，岩礁，珊瑚礁のラグーンですが，比較的波静かな干潟・湾やラグーンでも，潮の干満があるため，水は激しく動きます。台風などが来ればなおさらです。そのため，海草は，地下茎を砂地の中に水平方向に縦横に伸ばすことで，不安定な砂地での激しい水の動きに対応しています（**図 19-1a，図 19-1b**）。実際にこの効果は抜群で，岸に大量の葉が打ち上げられていることはあっても，地下茎ごと打ち上げられているものは少数です。

岩礁は干潟・湾やラグーンに比べて，常に激しい波に晒されている環境です。岩礁域は，カワゴケソウ科が生育する淡水の激流域と並んで，水草にとって最も過酷な生育環境の 1 つと言えるでしょう。このような岩礁で生育できる海草は，世界に 3 属（アマモ科スガモ属，ベニアマモ科アンフィボリス属・タラソデンドロン属）ありますが，その中でもスガモ属は最も激しい波の当たる環境に生育しています（**図 19-2a**）。そのため，細かい無数の毛を持つ根が岩をつかむように固着します（**図 19-2b，図 19-2c**）。その形は，アマモ属とは全く異なるもので，岩礁に生育するための適応の結果に生まれた特徴と言えます。

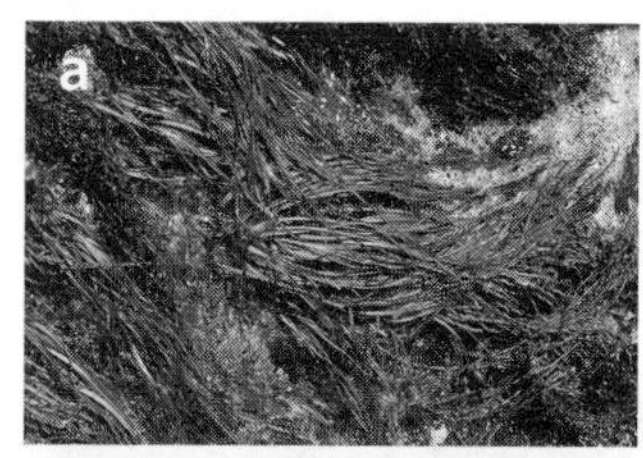

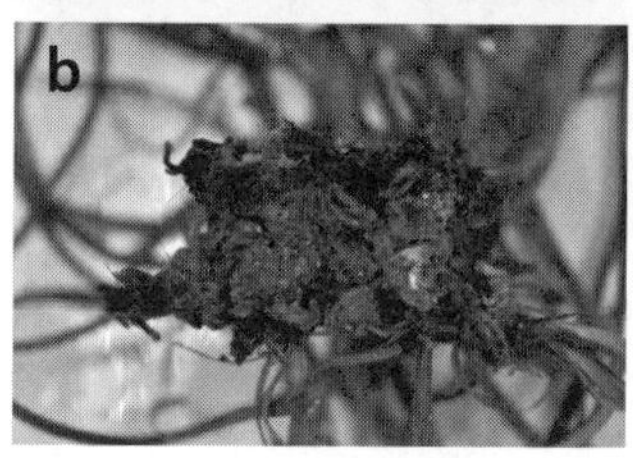

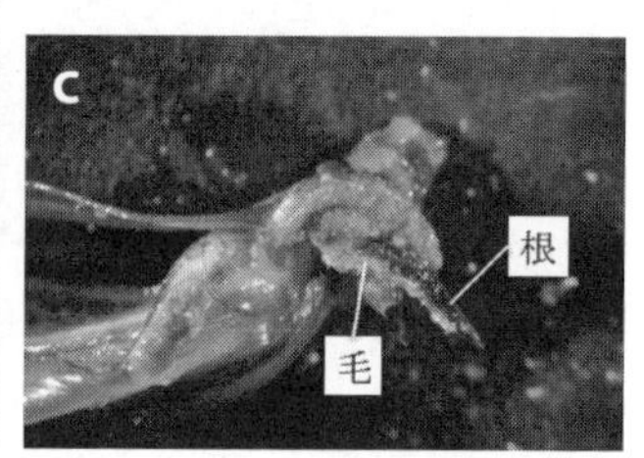

図 19-2　岩礁の海草
a）スガモ
b）岩からはがしたスガモの根部：根が岩にびっちりと付着していたことがわかる
c）スガモの根：根に生える細かい毛によって岩に付着する

海でどのように花を咲かせるか

海草はすべて種子植物なので，花を咲かせて種子を作らなければ子孫を残せません。しかし，海は淡水以上に，花を咲かせるには厳しい環境です。水の動きが激しいため，水上に安定して花を咲かせることや，水面を利用して受粉することも難しそうです。その中で海草はどのように花を咲かせるのでしょうか？

実は海草のほとんどは，海中で花を咲かせて，花粉を海水中に漂わせて受粉する水中媒（Q9 参照）という方法を行います。水中媒の花には，雌しべの柱頭が糸のように細長く，花粉も糸のように長いという共通した特徴があります。これが，水中での受粉の成功率を高めていると考えられています。

海草のほとんどは水中媒なのですが，世界中にたった 1 種だけ例外があります。ここでは，海草の花の中でも最も不思議で美しいウミショウブ（トチカガミ科）の開花を紹介します。

ウミショウブは，東太平洋～インド洋の熱帯域に分布し，日本でも西表島などの八重山諸島で見ることができます。珊瑚礁

図 19-3　ウミショウブ
a）群落
b）水中の雄花の苞鞘
c）水面での受粉
d）一面に広がる雄花

のラグーンに生えますが，熱帯性の海草としては異例に草丈が大きいため，よく目立ちます（**図 19-3a**）。夏の大潮に合わせて，水中の葉の根元に出来る苞鞘（ほうしょう）という袋状の葉の中にたくさんの雄花のつぼみが成熟してきます。そして大潮の昼間の干潮時間が近づくと，袋が開き（**図 19-3b**），光を浴びて盛んになった光合成によって発生した酸素が泡となって，成熟した雄花のつぼみを包むように水面へと運びます。葉からも泡がでるので，水中に潜って見ていると，きらきらした無数の泡がゆったりと水面に向かって上昇していく様子が実に美しいです。

雄花のつぼみは水面に浮かび上がるとすぐに，花被（がくと花弁）がクルッと開いて反り返り，花粉の付いた雄しべを上方へ掲げます。全体の形は長さ 3mm ほどの細長い米粒のようで，不安定に見えるものの，決して倒れません。花被片の内側に水が入り込むことによって，表面張力が生じて，細長い雄花が倒れずにしっかりと水面に浮かぶことができるのです。さらに，この雄花は非常に軽いため，少しの風によって，まるで生き物のようにスイスイと海面を動き回ります。そして，水面上で開いている雌花に遭遇すると，そこで初めて雌花の中心部に倒れ込み，その奥にある雌しべに花粉を落とし，受粉が行われます（**図 19–3c**）。

雄花は雌花の数十分の一ほどの大きさですが，1 株に出来る数は逆に数十倍です。しかも，雄花は純白，雌花はちょっとくすんだ緑白色なので，雄花が圧倒的に目立ちます。干潮になる頃には，辺り一面，雪が降ったように白く覆われてしまい，南国の真っ青な空とのコントラストで，とても幻想的な光景となります（**図 19–3d**）。夏の大潮の干潮のみに現れるこの光景は，一生に一度は見ておく価値のあるものだと思います（**Q46 参照**）。

ウミショウブを含めて，海草の全てが水媒（水中媒または水面媒）で送粉を行います。しかし，種子植物全体を見れば，虫媒と風媒が圧倒的な多数を占めていますし，水草だけに限っても水媒は少数派です。その中で海草の全てが水媒ということは，海中で生きるためには，水媒が必須であったのかもしれません。そうだとすれば，水媒送粉を進化させられたかどうかが，海中への進出の重要な鍵であり，淡水性の水草に比べて，海草が少ない理由ともなっているのかもしれません。

海草は広い海をどのように移動しますか？

Question 20

Answerer 田中 法生

意外に思われるかもしれませんが，海岸に生育するマングローブや海浜植物（ココヤシなど）と違って，多くの海草は，海を長距離移動するための特別な能力を持っていません。その中で，海草の移動方法と，実際の移動を明らかにした研究を紹介します。

海草の移動方法

世界中の海は繋がっていますし，様々な方向に海流が流れているので，海草がどのように，どのくらい移動するのか，とても興味深いところです。淡水の水草の中には体の一部がちぎれて移動できる種類が多くありますし（コカナダモ，クロモなど。Q10 参照），海岸植物のように水に浮く大きな果実を作って世界中を移動できるものもあるので（ココヤシなど），海中に生育する海草は，さぞかし海流での移動に適応しているのではと思いたくなります。

ところが意外にも海草は，それほど長期間の移動を得意とはしていません。長期間浮くことができる海草としては，種子から発芽した芽生えのまま長期間海面付近に浮くことができるアンフィボリス属がありますが，これはむしろ例外的です。リュウキュウスガモ属やウミショウブ属などは果実に入った状態で5～10日くらい浮かぶのがせいぜいで，ウミヒルモ属やベニアマモ属，ウミジグサ属などの種子に至っては浮かぶことすらできません。

確かに，海草種はそれぞれ，地中海のみ，西太平洋のみ，オーストラリアのみ，などというように，ある程度まとまった場所に分布しており，世界中の海に広がっているわけではないのです。とは言え，全く同じ場所に居るわけでもないので，長い時間をかけて少しずつ移動したのか，あるいは，何か別の方法で移動しているのかは謎です。

その中で，温帯性海草であるアマモについては，詳しい研究が行われています。

アマモは海流で移動する

温帯域の代表的な海草であるアマモも，種子自体に浮力はありません（**図 20-1**）。種子が葉に包まれたまま親株から離れることで，葉の浮力により水面に浮かび，移動できると考えられてきましたが，海流がどの程度影響して，実際にどのように移動するのかが，ＤＮＡを用いた研究で明らかになってきました。

図 20-1　葉の上に乗ったアマモ種子

まず比較的近い距離での移動について，東京湾でのアマモの動きを見てみましょう。江戸前と呼ばれた豊かな漁場があった時代と比べれば，著しく減少してしまいましたが，それでも現在も東京湾にはアマモ群落が存在します。その群落間のＤＮＡの違いの程度を検出した結果，東京湾の中でも特に都市化が進んでいる内湾部（神奈川県の観音岬と千葉県の富津岬よりも北側）の４か所のアマモ群落（木更津，金田，富津，走水）の間には，ほとんど遺伝的な違いが無いことがわかりました[1)2)]。これは，4つのアマモ群落の間で頻繁に種子が移動しているために，遺伝的な違いが生じないと考えられます。つまり，数十km程度のある程度囲まれた範囲では，種子がよく行き来できることを示しています。

さらに，より広い範囲での動きは日本全国の解析から見えてきました（**図20-2**）[2)]。これを見ると，日本のおおよその地域ごとに遺伝的なまとまり，つまり種子がよく移動する範囲があることがわかります。こう見ると，近くに生えている群落同士は種子散布も頻繁で，遠くにある群落同士は種子散布も稀であるという，単純な関係のようにも思えます。しかしよく見ると，距離と遺伝的な関係が単純な相関関係にないところもあります。

例えば，紀伊半島の南端では，岬の西の群落と東の群落は直線距離では3kmほどしか離れていないにも関わらず，その先端の潮岬を境に東と西で遺伝的に大きく異なる結果が出ました。これは，太平洋岸を南から北へ流れる黒潮は潮岬で急激に南下するため，西と東は，距離は近いものの，海域としては繋がりが弱いうえに，岬の東側に冷水塊があるため環境も異なります。これにより，西側から東側へ種子が散布しない，あるいは，仮に散布があったとしても環境の違いで定着できないと考えられます。いずれにしても，海流が海草の移動に強く影響することが明らかになったのです。

海流はどこまで運べる？

それでは，海流によってどのくらい遠くまで運ばれることが

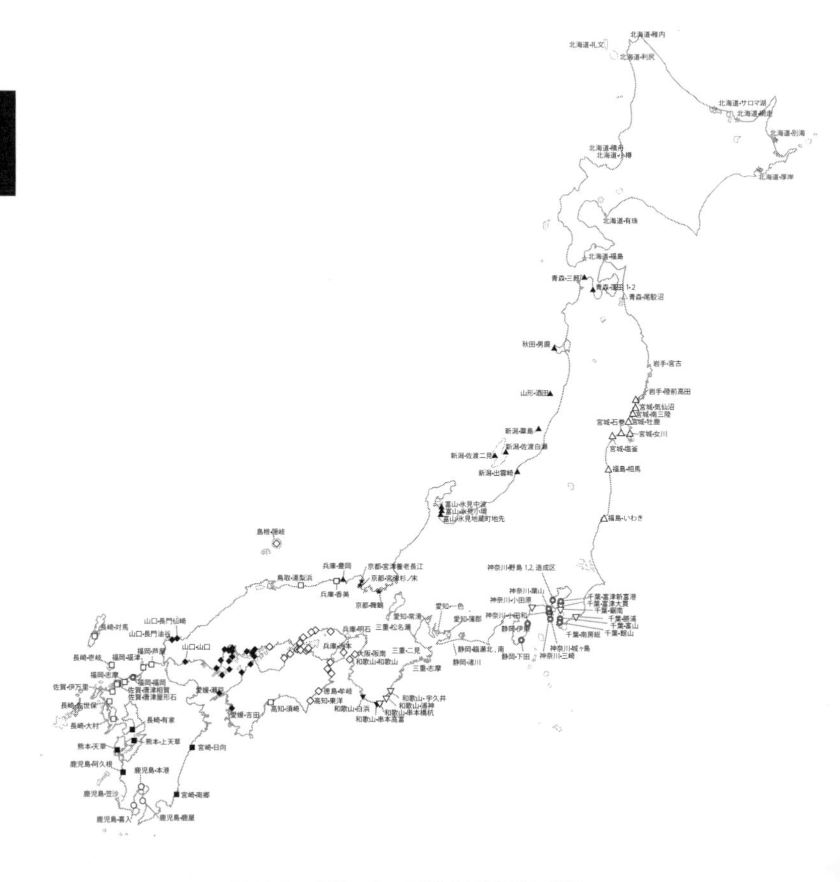

図 20-2　全国のアマモ群落と遺伝的な関係

同じマークは遺伝的に似ていることを示しています。マークのない場所は明らかなグループを作らなかった群落です。

あるのでしょうか？　数千 km という長距離を海流に乗って移動したと推測できる例がいくつかあります。アマモ科の３種（コアマモ，オオアマモ，ヘテロゾステラ・タスマニカ）は，元々の分布が太平洋西岸と考えられる種で，太平洋の東岸にもわずかに分布します。その中で，コアマモとオオアマモは，船が運んでしまったと推定されますが，ヘテロゾステラ・タスマニカは，オーストラリアから南米のチリまでの１万数千 km を海流に種子が運ばれることによって移動した可能性が高いです。絶対の確証はありませんが，海流によって種子が数千 km もの距離を運ばれる可能性を示す貴重な例と言えます。

アマモでの研究のように，今後のＤＮＡ解析によって，海草の長距離移動の実際や要因が解明されることを期待しましょう。

Section 3
水草の環境・減少する水草

生えている水草で環境がわかるって本当ですか？

Question 21

Answerer 藤井 聖子

環境がわかる！とまでは言えません。が，だいたいの傾向を想像することはできます。

例えば，多くの水草は pH に対して適応範囲が比較的広いのですが，種によっては，酸性の水域によく出現することが多いといったような傾向がみられます。実際，生育する水域の水質によって，構成される種（水草相）が異なることが知られており，一概には言えませんが，この水草が生えているのだから，ここは湧き水かな，富栄養かな……という想像をすることはできるでしょう。

環境がわかる唯一の水草

アマモ類などの海草（汽水域から海に生育する水草）が生えていれば，ここの水は塩水かな？，と見当をつけることができます。ただ，これは水草を見なくても，周囲の景色を見ればわかりそうですが……。海草たちは住み分けがはっきりしていて，コアマモは潮間帯（海岸における，干潮時水位と満潮時水位の間の場所。潮の満ち引きによって露出と水没を繰り返します。）に見られ，河口周辺の汽水域にも見られます。一方でアマモやスガモは完全なる海草なので，これらが生えていたら，ここは海だ～！と宣言することができるでしょう。

生えている水草で pH はわかるのか？

角野（1982）は，全国 496 か所の水域から pH と水草の分布の関係を調べていて，ヒツジグサ，ジュンサイ，タヌキモなどは酸性の水域に，逆にエビモやホザキノフサモはアルカリ性の水域によく出現する傾向をつかみました。Q4で説明しましたが，水草が光合成をするときに利用できる二酸化炭素は遊離炭酸（CO_2）もしくは重炭酸イオン（HCO_3^-）のどちらかの形になって水中に溶け込んでいます。この２つの形態の存在比率は主として pH によって決まることがわかっていて，酸性だと遊離炭酸が多く，アルカリ性だと重炭酸イオンが多くなります。水草の中には遊離炭酸しか利用できない種がいるので，そういった種は相対的に遊離炭酸が豊富，つまり pH の低い酸性水域に分布が偏ることになります。一方，エビモやホザキノフサモは，重炭酸イオンが使える水草であることがわかっている[1]ので，それらがアルカリ性の水域によく出るということは，どうやらその水草が利用できる炭素源の形態と pH に関連性がありそうです。しかし，決めつけることはできません。なぜなら同じ水域であったとしても，pH は場所や時期・時間帯によって大きく変動するものであり，さらに酸性の水域によく出現する水草がアルカリ性の水域に出ることも，またその逆もある[2]からです。ですので，多くの水草はそれぞれ「お好みの pH」があるものの，pH に対して許容範囲が広く，水草の生育を支える要因は他にも複数あると言っていいでしょう。と言うわけで，残念ながら，これまで得られている知見をもとに，生えている水草でその水域の pH を予想することはできますが，実際には検査しないとわかりません。

生えている水草で pH 以外の環境を想像しよう！

とは言うものの，生えている水草で環境が何もわからないわけではありません。

富栄養化が進んだため池や流れの緩やかな河川などではクロモやホザキノフサモ，トチカガミ，ヒシ類などが見られますし，貧栄養の水系ではミズニラ類が見られます。しかし，pH と同様，ミズニラ類は田んぼに生えるといった例外がたくさんあるので，これまた一概には言えません。

他には，バイカモ類が生えていれば，その水域は夏でも比較的水温が低いということは言えそうですし，ホシクサ類が毎年絶えずに生えているところは，秋から冬は水位が低下もしくは干上がる場所なのかなあ……，などと想像することはできます。生えている水草でいろいろ言えたら楽しいのですが，今回のこのご質問から，「水草を支える環境は，想像以上に複雑である」ということを知っていただけたらと思います。

ご興味のあるかたはぜひ，生えている水草で，その水域の環境を想像して，実測してみてください。思わぬ発見があるかもしれませんよ！

水質汚濁はどのようにして起こりますか？

Question 22

Answerer　久原 泰雅

水質汚濁は，火山の噴火や野生動物の活動などの自然現象が原因となることもありますが，主な原因は人為的なもので，近年は生活排水や農作物への肥料の増加による水の富栄養化が最も大きな原因となっています。水の富栄養化が著しい場合には，湖沼等で「アオコ」が発生し，悪臭や有毒物質を伴うほか，有機汚濁や水中の貧酸素化が進み，メタンガスや硫化水素が発生するため，魚などの動物も住めなくなります。

水質汚濁とその原因

1）過去と現在

日本で水質汚濁に関する問題が大きく取り上げられたのは，19 世紀後半に起きた足尾鉱毒事件とされています[1)]。この事件では，栃木県の足尾銅山から流出する鉱毒によって渡良瀬川沿岸の地域に深刻な農業被害をもたらしました。その後，戦後の高度成長は国の発展を支えるとともに，産業排水や廃棄物に含まれる有害物質による水質汚染が進み，水俣病やイタイイタイ病などの公害病が発生しました。そのため，1970 年に環境省より「水質汚濁防止法」が交付され，環境に対する意識にも変化が起こり有害物質による水質汚濁は改善されていきました。

一方，私たちの生活が豊かになるにつれて合成洗剤の使用やトイレ・風呂などの排水が増加し，湖沼などの閉鎖性水域において，窒素やリンなどの栄養塩類の増加による水の富栄養化が深刻化しました[2)]。生活排水の問題は，個々の家庭での対策が必要となるため，いまだに改善されておらず，湖沼における水質（窒素およびリン）の環境基準達成率は 51.2％と低い状況

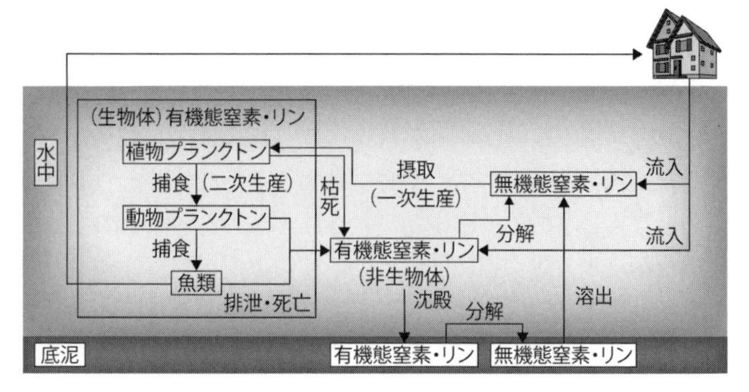

図 22-1　水域における窒素とリンの循環

です[2)]。

近年は下水処理施設が普及し，施設がある場所の水質は問題ないのではないかと思われるかもしれませんが，現在最も普及している標準活性汚泥法と呼ばれる下水の処理方法では，栄養塩類の除去は 50％ほどしか行えず，水の富栄養化の改善には到っていません。現在，水の富栄養化に対する対策が様々考えられていますが，決定的な解決はまだ得られていないようです[3)]。

2）水の富栄養化による水質汚濁

では，水の富栄養化と水質汚濁はどのように結びつくのでしょうか？

水の富栄養化の原因となる窒素やリンは生物の体を構成する栄養塩類で，通常は植物や植物プランクトンなどの生産者に吸収されて有機物に変化します。それらは動物プランクトンや魚などにより捕食され，昆虫や鳥，人などに捕食されることで水中から外に排出されるほか，その遺体や排泄物などは最終的にはバクテリアなどの分解者により無機物に戻されます（窒素・

リン循環，**図 22-1**)。

そのため，窒素やリンは生物にとって必要なもので，自然環境においても，それらが少ない貧栄養な水環境から生物が増えるにつれて富栄養な状態へと変化（富栄養化）し，多くの生物が息づく環境へと変化します。

しかし，湖沼等で水の富栄養化が著しい場合には，植物プランクトン（主に藍(らん)藻(そう)類）が異常発生し，アオコ（青粉）という現象が見られるようになります（**図 22-2**）[4]。アオコが発生すると，水面が緑の粉をふいたようになったり水が緑色のペンキのように見えたりして景観が悪化するほか，腐敗したアオコから出る悪臭も問題となります。また，アオコの素となる藍藻類の中には，ミクロシスティンやアナトキシンなどの有毒物質を出す種類があり，人や家畜への被害が確認されています[5]。赤潮は海水の富栄養化によって植物プランクトンが多量に発生することで起こるため，基本的に湖沼等に起こるアオコと同様の減少ですが，植物プランクトンが持つ色素が異なるため，色が異なります。

図 22-2　アオコ発生状況（新潟市西区佐潟にて）

アオコによる水質汚濁は，前述の直接的なものの他にも間接的なものもあります。アオコが発生すると水中に届く日射量が減少し，沈水植物などによる光合成が行われなくなるため，水中が貧酸素化します。また，アオコの素となる多量に発生した植物プランクトンは動物プランクトンなどによる補食が間に合わなくなるため，そのまま枯死し湖底に蓄積しますが，それらを分解する際に酸素が用いられるため，水中はさらに酸素不足に陥ります。

水中の貧酸素化がさらに進むと，微生物による有機物の分解は酸素を用いる好気的な分解から酸素を用いない嫌気的な分解へと変わり，メタンガスやアンモニアの他，有毒物質である硫化水素が発生し，さらに水質汚濁が進行し，魚などの動物も住めなくなります。

水草は水質浄化に役立つのですか？

Question 23

Answerer　久原 泰雅

水が富栄養化する最も大きな原因となる窒素とリンは肥料の三大要素でもあるため，その対策の１つとして，水に含まれる窒素やリンを水草に吸収させて水質浄化を行おうという試みが実施されています。

しかし，実際に水草で水質浄化を行うには，水草の生育特性を把握し，目的とする効果を生むことが可能かどうかをしっかりと検証する必要があるほか，利用した水草は刈り取って利用しなければならないため，刈り取り後の活用も視野に入れる必要があります。

湿地生態系とその役割

水草が多く生育する湿地生態系は，魚や昆虫，鳥などの様々な生き物に住処を与えるほか，物理的に水の流れを弱めたり，水中へ酸素を供給したりすることで多様な微生物の生育環境を整え，高い浄化機能を持ち，「景観における腎臓（the Kidneys of the Landscape）」とも呼ばれます[5)]。

湖沼には，河川から水と共に植物や動物の遺骸やフンなどの有機物やそれらが細菌などにより分解された栄養塩などが流れ込みます。有機物は湖内に住む細菌などに分解されて栄養塩となり，栄養塩は植物プランクトンや水草が利用し，それを動物プランクトンや昆虫，魚などが食べ，さらにそれらを鳥や人を含めた動物などが補食するといった流れで利用され，水の富栄養化を防いでいます。このような働きは「生態系サービス」と呼ばれ，生態系の持つ有益な役割の１つです（**図 23-1**）。

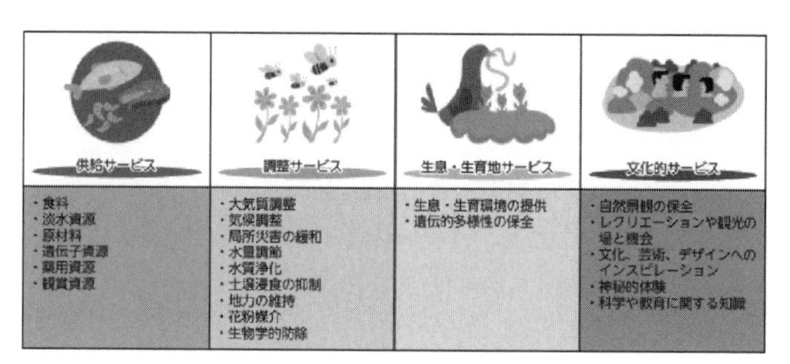

図 23-1　生態系サービスの分類（資料：環境省）

水草による水質浄化

植物は養分として窒素やリンを利用するため，水草は湖沼の水の富栄養化の原因となっているこれらの物質を吸収するほか，種類によっては水中の貧酸素環境を改善したり，微生物が育つ環境を作ったりする働きを持つものもあります。

1）生活形による効果の違い（Q5 参照）

水草が窒素やリンを吸収する働きは，主に水草の生活形（**図 5-1，23 ページ参照**）により特徴が異なりますので，その特徴を以下にあげます。

① 抽水植物：ヨシやマコモ，ガマなどの抽水植物は水底の土壌に根を張るため，土壌に含まれる栄養塩類を吸収するほか，茎が丈夫なため流入する水の勢いを弱め，微生物や魚などの住処となります。

② 浮遊植物：ホテイアオイやオオサンショウモ，ウキクサなどの水面浮遊植物は根を水の中に伸ばすため，水中の栄養塩類を直接吸収することができますが，光合成を行う葉は水上にしかないため，水中の酸素不足を解消する役割はあまりありません。増殖力があり，水面を覆いつくすように増えるため，アオコなどの発生を抑えることができます。

③　浮葉植物：ヒシやスイレン，アサザなどの浮葉植物は土壌の養分を利用して水面に葉を広げる植物です。抽水植物のように水底に含まれる養分を吸収すると共に，浮遊植物のように光をさえぎるため，アオコなどの発生を抑制します。

④　沈水植物：ヒルムシロやクロモ，セキショウモなどの沈水植物は水底に根を張りますが，葉からも栄養塩類を吸収するほか，光合成を水中の葉で行うため水中の二酸化炭素を吸収し，酸素を供給します。また，水中の葉は微生物の住処などにもなります。

2）刈り取った水草の利用方法

上記のように水草には富栄養化の原因である窒素やリンを吸収する役割がありますが，吸収した水草を刈り取り，湿地外に排出しなければ除去効果は得られず，排出しない場合には枯死体などから窒素やリンなどが溶出し，効果が得られません[6)]。

現在，刈り取った水草の利用については様々な取り組みが行われており，ヨシを家畜用の餌として加工したり[7)]，燃料に利用したりすることなども検討されているほか，海外では，タイで国の資本でホテイアオイの利用に関するプロジェクトが立ち上げられ，ホテイアオイから魅力的な家具が作られるなどの動きも見られています[8)]。ただし，ホテイアオイが日本で水質浄化に使用された際は，十分な回収が行えずに他の湿地に逸脱し帰化植物となる例があったため，他所の植物を利用する際には逸脱しないような工夫も必要です[9)]。

今後の課題

筆者の住む新潟県は，その名の通り潟（湿地）が多い環境です。水田は増水時には水に浸かるため，潟から泥をすくい上げ，船で運び，自分の田んぼにいれる「ジョレン掻き」（**図 26-4 参照**）と呼ばれる作業が昭和初期頃まで行われたそうです。「客土一寸で一石の増収を生む」とも言われることから，潟の土に含まれる豊富な栄養塩が稲作に極めて有効だったことがわかります。集落ごとに土をとる場所まで決められているほど貴重な資源であったほか，ヨシやマコモ，ヒシなども現金収入として利用されてきたと言われています[10)]。

その他，人や家畜の排せつ物もかつては田畑の肥料として利用されてきました。このように，人も生態系の一員として窒素やリンを循環させてきましたが，現在は食料や洗剤などのほとんどは外部から持ち込まれ，さらには使用するだけで汚泥などの利用は行わないため，環境中の栄養塩は増加する一方です。そのため，水質浄化の問題はなかなか解決できないのだと思われます。

湖沼の水質浄化を実施する際には，汚濁物質の量に対して実施する対策が見合っているかについての検討が必要ですが，その他にも収集後の利用についても対策を練る必要があります。人が自然の一部となり物質循環に寄与していた状況に戻ることは困難ですが，かつての生活に学び，環境に目を向け，積極的に自然を活用していくことが重要なのかもしれません[11)]。また，水の富栄養化対策と同時に，現在失われた湿地生態系や多様な生物を取り戻し，自浄化作用を元に戻していくことも大切だと思われます。

日本の水草の半分近くが絶滅しそうって本当ですか？

Question 24

Answerer 久原 泰雅

本当です。日本には約270種（亜種，変種を含む）の水草が生育していますが[1)]，環境省の「レッドリスト2018」には，1種が絶滅，1種が野生絶滅，113種が絶滅危惧あるいは準絶滅危惧種として掲載されているため，水草全体の約43％が絶滅あるいは絶滅しそうな状態にあります（**表24-1**）。日本の植物全体では，約7000種中，2113種（30.4％）が絶滅危惧あるいは準絶滅危惧種となっていますので，植物の中でも特に水草には絶滅しそうなものが多いと言えます（**表24-2**）[2)]。

驚異的な速さで進む生き物の絶滅

皆さんも恐竜の絶滅の話はお聞きになったことがあると思いますが，地球の歴史の中では多くの生き物が生まれ，そして滅んできました。そのため，水草の絶滅も仕方がないのでは？，と思われる方もいるかもしれませんが，現在は生き物の絶滅のスピードがけた違いに速いと言われています。

どのぐらい速いかと言うと，恐竜が生きていた時代には，千年に1種しか生き物が絶滅していなかったのに対して，1900年～1975年の調べでは1年間に1種，それ以降から近年は1年に4万種もの生き物が絶滅していると言われています（**図24-1**）[3)]。

また，その主な原因は人の様々な活動によることがわかっており，このままでは私たちの暮らしにも大きな影響が出ると考えられています。

生き物が絶滅することによる私たちへの影響は様々考えられていますが，前章で挙げた水質汚濁からくる漁業資源への影響

表 24-1　環境省「レッドリスト 2018」に含まれる日本産水草（分類順）※

ランク 和名	学名	種数
絶滅（EX）		
タカノホシクサ	*Eriocaulon cauliferum*	1
野生絶滅（EW）		
コシガヤホシクサ	*Eriocaulon heleocharioides*	1
絶滅危惧 IA 類（CR）		
シモツケコウホネ	*Nuphar submersa*	
ホソバヘラオモダカ	*Alisma canaliculatum* var. *harimense*	
カラフトグワイ	*Sagittaria natans*	
ヒメイバラモ	*Najas tenuicaulis*	
ガシャモク	*Potamogeton lucens* var. *teganumensis*	
イヌイトモ	*Potamogeton obtusifolius*	
ナガバエビモ	*Potamogeton praelongus*	
ヤハズカワツルモ	*Ruppia occidentalis*	
ヒュウガホシクサ	*Eriocaulon seticuspe*	
ビャッコイ	*Isolepis crassiuscula*	
タシロカワゴケソウ	*Cladopus fukienensis*	
オオヨドカワゴロモ	*Hydrobryum koribanum*	
ミズスギナ	*Rotala hippuris*	
ホソバドジョウツナギ	*Torreyochloa natans*	
ムジナモ	*Aldrovanda vesiculosa*	15
絶滅危惧 IB 類（EN）		
オオバシナミズニラ	*Isoetes sinensis* var. *coreana*	
アカウキクサ	*Azolla imbricata*	
オオアカウキクサ	*Azolla japonica*	
ナンゴクデンジソウ	*Marsilea crenata*	
アズミノヘラオモダカ	*Alisma canaliculatum* var. *azuminoense*	
セトヤナギスブタ	*Blyxa alternifolia*	
ムサシモ	*Najas ancistrocarpa*	
チシマミクリ	*Sparganium hyperboreum*	
ツクシオオガヤツリ	*Cyperus ohwii*	
ミスミイ	*Eleocharis acutangula*	
ロッカクイ	*Schoenoplectus mucronatus* var. *ishizawae*	
オオイチョウバイカモ	*Ranunculus nipponicus* var. *major*	
ヒメバイカモ	*Ranunculus trichophyllus* var. *kazusensis*	
チトセバイカモ	*Ranunculus yezoensis*	
カワゴケソウ	*Cladopus doianus*	
ヤクシマカワゴロモ	*Hydrobryum puncticulatum*	
ハリナズナ	*Subularia aquatica*	
ヒシモドキ	*Trapella sinensis*	
フサタヌキモ	*Utricularia dimorphantha*	19
絶滅危惧Ⅱ類（VU）		
ミズニラモドキ	*Isoetes pseudojaponica*	
シナミズニラ	*Isoetes sinensis* var. *sinensis*	
サンショウモ	*Salvinia natans*	
デンジソウ	*Marsilea quadrifolia*	
オニバス	*Euryale ferox*	
オグラコウホネ	*Nuphar oguraensis*	
オゼコウホネ	*Nuphar pumila* var. *ozeensis*	
ネムロコウホネ	*Nuphar pumila* var. *pumila*	
ヒメコウホネ	*Nuphar subintegerrima*	
エゾベニヒツジグサ	*Nymphaea tetragona* var. *erythrostigmatica*	
ヒンジモ	*Lemna trisulca*	
トウゴクヘラオモダカ	*Alisma rariflorum*	
マルバオモダカ	*Caldesia parnassiifolia*	
マルミスブタ	*Blyxa aubertii*	
スブタ	*Blyxa echinosperma*	
ミズオオバコ	*Ottelia alismoides*	
ヒラモ	*Vallisneria natans* var. *higoensis*	
サガミトリゲモ（ヒロハトリゲモ）	*Najas chinensis*	
トリゲモ	*Najas minor*	
イトイバラモ	*Najas yezoensis*	

3 水草の環境・減少する水草

ホソバヒルムシロ	*Potamogeton alpinus*	
コバノヒルムシロ	*Potamogeton cristatus*	
ササエビモ	*Potamogeton nitens*	
ツツイトモ	*Potamogeton pusillus*	
イトクズモ	*Zannichellia palustris* var. *indica*	
ホソバウキミクリ	*Sparganium angustifolium*	
オオミクリ	*Sparganium eurycarpum* subsp. *coreanum*	
ウキミクリ	*Sparganium gramineum*	
ヒメミクリ	*Sparganium subglobosum*	
ヌマアゼスゲ	*Carex cinerascens*	
チシママツバイ	*Eleocharis acicularis* var. *acicularis*	
スジヌマハリイ	*Eleocharis equisetiformis*	
コツブヌマハリイ	*Eleocharis parvinux*	
チャボイ	*Eleocharis parvula*	
ハタベカンガレイ	*Schoenoplectus gemmifer*	
イヌフトイ	*Schoenoplectus littoralis* subsp. *subulatus*	
ヒメカンガレイ	*Schoenoplectus mucronatus* var. *mucronatus*	
ヌマドジョウツナギ	*Glyceria spiculosa*	
オグラノフサモ	*Myriophyllum oguraense*	
ウスカワゴロモ	*Hydrobryum floribundum*	
カワゴロモ	*Hydrobryum japonicum*	
ヒメビシ	*Trapa incisa*	
ミズキンバイ	*Ludwigia peploides* subsp. *stipulacea*	
ヌマハコベ	*Montia fontana*	
ヒロハスギナモ	*Hippuris tetraphylla*	
チシマミズハコベ	*Callitriche hermaphroditica*	
オオアブノメ	*Gratiola japonica*	
コキクモ	*Limnophila indica*	
キタミソウ	*Limosella aquatica*	
ノタヌキモ	*Utricularia aurea*	
ミカワタヌキモ（イトタヌキモ）	*Utricularia exoleta*	
ヤチコタヌキモ	*Utricularia ochroleuca*	
ヒメシロアサザ	*Nymphoides coreana*	
ヌマゼリ	*Sium suave* var. *nipponicum*	54
準絶滅危惧（NT）		
ヒメミズニラ	*Isoetes asiatica*	
ミズニラ	*Isoetes japonica*	
ヒメカイウ	*Calla palustris*	
アギナシ	*Sagittaria aginashi*	
トチカガミ	*Hydrocharis dubia*	
イトトリゲモ	*Najas gracillima*	
イトモ	*Potamogeton berchtoldii*	
リュウノヒゲモ	*Potamogeton pectinatus*	
ネジリカワツルモ	*Ruppia cirrhosa*	
カワツルモ	*Ruppia maritima*	
カキツバタ	*Iris laevigata*	
ミズアオイ	*Monochoria korsakowii*	
ミクリ	*Sparganium erectum*	
ヤマトミクリ	*Sparganium fallax*	
タマミクリ	*Sparganium glomeratum*	
ナガエミクリ	*Sparganium japonicum*	
ヒナザサ	*Coelachne japonica*	
タイワンアシカキ	*Leersia hexandra*	
タチモ	*Myriophyllum ussuriense*	
カワヂシャ	*Veronica undulata*	
イヌタヌキモ	*Utricularia australis*	
タヌキモ	*Utricularia japonica*	
ヒメタヌキモ	*Utricularia minor*	
ガガブタ	*Nymphoides indica*	
アサザ	*Nymphoides peltata*	25
合計		115

※日本産水草は「引用・参考文献」Q24, 1）を参照（ただし, コシガヤホシクサを追加）。科の並びは, シダ植物はPPG I分類体系, 被子植物についてはAPG IIIに従い, 科内は学名のアルファベット順とした。

表 24-2　日本産維管束植物と水草の絶滅危惧種数の比較 2)

	全維管束植物種数	水草種数
評価対象種数	7000	270
絶滅（EX）	28	1
野生絶滅（EW）	11	1
絶滅危惧 IA 類（CR）	525	15
絶滅危惧 IB 類（EN）	520	19
絶滅危惧 II 類（VU）	741	54
準絶滅危惧（NT）	297	25
絶滅～準絶滅危惧種数	2122	115

（魚などが獲れなくなる）など，生き物が絶滅することで生き物同士の繋がり（生態系）が生み出す資源や環境，やすらぎなどの「生態系サービス」の低下が考えられています（**図 23-1, 108 ページ参照**）。

絶滅しそうな生き物を集めたリスト：レッドリスト

「レッドリスト（Red List, RL）」とは絶滅のおそれのある野生生物の種のリストです。国際的には国際自然保護連合（IUCN）が作成しており，正式には「The IUCN Red List of Threatened Species（絶滅のおそれのある種の IUCN レッドリスト）」と言います（**図 24-2**）。国や地域ごとにも作成されており，日本では，環境省のほか，各都道府県，市町村，NGO などが作成しています。

環境省では，日本に生息する野生生物について，生物学的な観点から個々の種の絶滅の危険度を評価し，レッドリストとしてまとめています。おおむね 5 年ごとに全体的な見直しを行っており，平成 24 年度に「第 4 次レッドリスト」を公表しました。レッドリストに記載された種について，生息状況等をとりまとめたものが，「レッドデータブック」として発行されてい

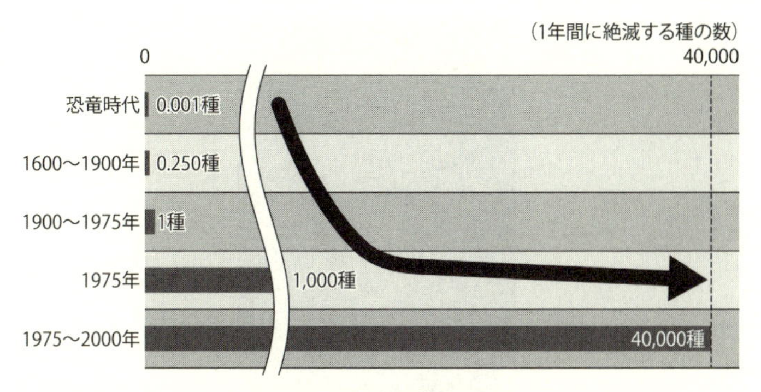

図 24-1　種の絶滅速度 [3)]

ます。

レッドリストでは，各種について様々な要素から評価して絶滅の危険度をカテゴリー分けしています。（詳細については，環境省のHP内にある「環境省レッドリストカテゴリーと判定基準」を参照してください。）

【レッドリストのカテゴリー（ランク）】

1．絶滅 Extinct（EX）：我が国ではすでに絶滅したと考えられる種

2．野生絶滅 Extinct in the Wild（EW）：飼育・栽培下，あるいは自然分布域の明らかに外側で野生化した状態でのみ存続している種。

3．絶滅危惧：絶滅危惧Ⅰ類，Ⅱ類を合わせた呼び方。

（1）　絶滅危惧Ⅰ類 Critically Endangered ＋ Endangered（CR＋EN）：絶滅の危機に瀕している種。現在の状態をもたらした圧迫要因が引き続き作用する場合，野生での存絶続が困難なもの。

①　絶滅危惧ⅠA類 Critically Endangered（CR）ごく近い将来における野生での絶滅の危険性が極めて高いもの。

②　絶滅危惧ⅠB類 Endangered（EN）ⅠA類ほどではな

図 24-2　国際自然保護連合（IUCN）の「レッドリスト（2008 年版）」

いが，近い将来における野生での絶滅の危険性が高いもの。

（2）　絶滅危惧Ⅱ類 Vulnerable（VU）：絶滅の危険が増大している種。現在の状態をもたらした圧迫要因が引き続き作用する場合，近い将来「絶滅危惧Ⅰ類」のカテゴリーに移行することが 確実と考えられるもの。

4．準絶滅危惧 Near Threatened（NT）：存続基盤が脆弱な種。現時点での絶滅危険度は小さいが，生息条件の変化によっては「絶滅危惧」として上位カテゴリーに移行する要素を有するもの。

5．情報不足 Data Deficient（DD）：評価するだけの情報が不足している種。

絶滅してしまった水草はありますか？

Question 25

Answerer　久原 泰雅

日本ではタカノホシクサの1種が残念ながら絶滅してしまいました。そして，野生からは絶滅したものの栽培しているものが残っているものとして，コシガヤホシクサがあります。

野生絶滅種コシガヤホシクサの野生復帰

コシガヤホシクサは，あと少しのところで絶滅を免れた水草です（**図25-1**）。コシガヤホシクサはホシクサ科ホシクサ属の植物で，環境省のレッドリストで野生絶滅種に指定されています。

この水草をトキのように野生復帰させるプロジェクトが，この本の著者の一人である田中法生氏（国立科学博物館）を中心に行われています[4)]。コシガヤホシクサは1938年に埼玉県越ヶ谷町（現在の越谷市）で発見されましたが，その後の確認記録がなく絶滅したとされていました。ところが，1975年に茨城県下妻市の砂沼で採集され，砂沼にも分布していたことが確認されました。しかし，ここでも1994年以降見つからなくなり，自然状態での絶滅となってしまいましたが，東京農業大学の宮本太氏や下妻市自然観察クラブの望月和男氏らが絶滅前に種子を採取し，栽培を続けてい

図25-1　野生絶滅したコシガヤホシクサ

たことで，完全な絶滅を免れていました。

この栽培化で残されたコシガヤホシクサの株を 2002 年に田中氏が望月氏より譲り受け，栽培保全が始まり，さらに 2008 年には環境省の「生息域外保全モデル事業」（Q43 参照）の 1 つとして野生復帰を視野に入れた保全研究プロジェクトが開始されました。

野生復帰に求められること

野生絶滅種を野生復帰させ，自立した個体群に戻すのは，簡単なことではありません。

絶滅した要因を特定し，その要因を取り除く必要があるのは勿論ですが，要因を取り除くには，多くの場合，地域の方々の協力や理解が必要となるためです。

コシガヤホシクサの絶滅の要因には，この植物の生活史と生育地である砂沼の水位管理の変化が大きく関わっていました。コシガヤホシクサは一年草で，春に種子が発芽します。水草の種子の発芽と水深には大きな関係があり，水草の中には水位の浅い環境でしか発芽できないものや，深い環境で発芽しやすいものなどがありますが，コシガヤホシクサは，そのどちらの環境でも発芽可能な珍しい植物です。

コシガヤホシクサが生育する砂沼は，水田用の水を供給するため，水田に水が必要な春から秋にかけては水を貯え，秋から冬は水を少なくするという管理が江戸時代から続けられており，春は水位変動が激しく，コシガヤホシクサの生育する場所は水がないときには陸地となり，あるときには 1 m以上の水位になるようです。しかし，コシガヤホシクサは前述のように水位に関わらず発芽することが可能なため，他の植物とは異なり，安定して発芽できたと考えられます。また，花は水面より上に咲く必要がありますが，砂沼から水が引く秋（9 月）以降に開花するため，このことも一年草のコシガヤホシクサには適していたようです。

ところが，雨が少なく猛暑だった 1994 年に，水源確保のため砂沼の水が貯めたままにされ，その年以降，水位を下げなくなったことで，コシガヤホシクサは花を咲かせることができなくなり，絶滅したと考えられました。

そのため，野生復帰に求められるのは，先ずは砂沼の水位管理を以前の状態に戻すことでしたが，これには砂沼の管理者である江連用水土地改良区（当時）と魚釣り用の貸し船業組合である砂沼愛魚会との合意が必要でした。このことは簡単なようですが，10 年以上続いた方法を変えることにもなるため，実際は多くの困難があったことと思います。これらの関係団体の合意は，この希少種の保全を推進する大きな英断であったと言えます。

このような取り組みの成果として，2011 年には 1 万個体のコシガヤホシクサが砂沼で開花し種子を実らせています。その後，個体数があまり残らないという問題が生じているようですが，筑波大学森林保全生態学研究室（上条隆志教授）や NPO 法人アクアキャンプ（永田翔理事長）とともに，その原因を研究し，コシガヤホシクサを確実に保全し，野生復帰していく方法を見い出そうとしています。

このように，絶滅した植物や絶滅しそうな植物を保全するには，原因の解明と対策だけでなく，多くの人（主に地元の方々）の理解と協力が必要になってくるのです。

なぜ水草は減少しているのですか？

Question 26

Answerer　久原 泰雅

水草が減少している原因にはいくつかあり，主に湿地の埋め立てや河川の護岸など人による開発，水田の乾田化や除草剤の使用，水質汚濁，人との関わりの変化などが挙げられます[1]。いずれも私たち人による影響が大きく，日本では主に戦後の近代化が進むにつれて急速に水草の数は減少していったと考えられています。

湿地の埋め立てや河川などの護岸

水や肥沃な土壌を始め，多くの恵みをもたらす河川の流域とその氾濫原は昔から人間活動の中心であり，メソポタミア文明やエジプト文明などの古代文明を育んできた湿地は，今日もなお，人々に不可欠なものであり続けています[2]。

しかし，氾濫原は大水のたびに川の流れが移動し，作物や人の住処も奪われるため，護岸工事や埋め立てなどが盛んに行われました。様々な学術調査から，1900 年以降に世界の湿地の64％が消失し[3]，国内では 2000 年までに明治・大正時代に存在した湿地面積の 61.1％にあたる 1289.62km²（琵琶湖の約 2 倍の面積）が消失したことがわかっています（**図 26-1**）[4]。

埋め立てや干拓による湿地の消失は，単純に水草の生育地を奪いましたが，護岸や治水事業は，洪水などによる環境の攪乱（かくらん）を減らす原因となりました。**Q7** で紹介したように，「攪乱と共に生きる」植物である水草は，こうした環境の変化によっても，減少したと考えられます。

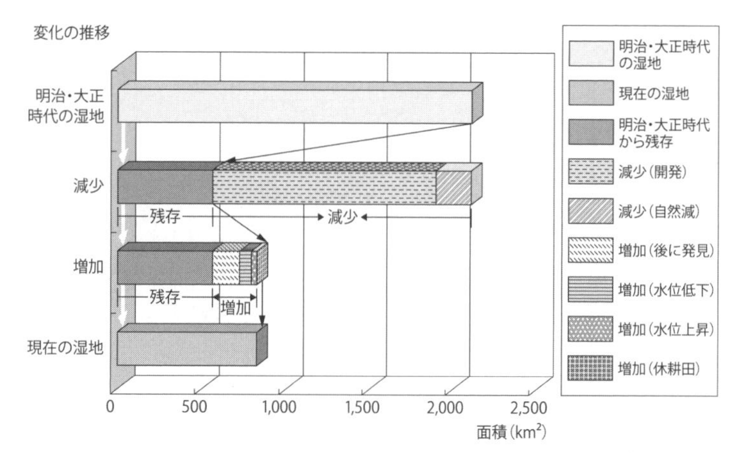

図 26-1　明治・大正時代と現在の分類区分別湿地面積の変化 [4)]

水田の乾田化や除草剤の使用

水田は，2009 年に開催された「ラムサール条約第 10 回締約国会議（COP10）」でも述べられたように，湿地システムとして人や湿地生態系を支え，多様な生き物を育みます。

しかし，人と自然の共存環境とも言える水田も，農業の近代化と共に状況が変化してきました。

水田の機械化と乾田化は 1963 年に発足した圃場整備事業から盛んに行われるようになりました[5)]。水田の乾田化は，イネの根の発育を旺盛にし，収量や品質の向上に繋がったほか，大型機械の使用も可能にしましたが，たまり水を住処とする多くの生き物にとっては住みにくい環境になったようです。乾田化により単に中干しと稲刈の時期以降に水が無くなるというだけではなく，水田から完全に水が抜けるように排水路の水面が水田の地面よりも低く設定するなど，水路の構造自体の改修も行われたため，水路と田んぼの水の行き来が無くなりました。

環境省の「レッドデータブック 2014」では，乾田化が減少

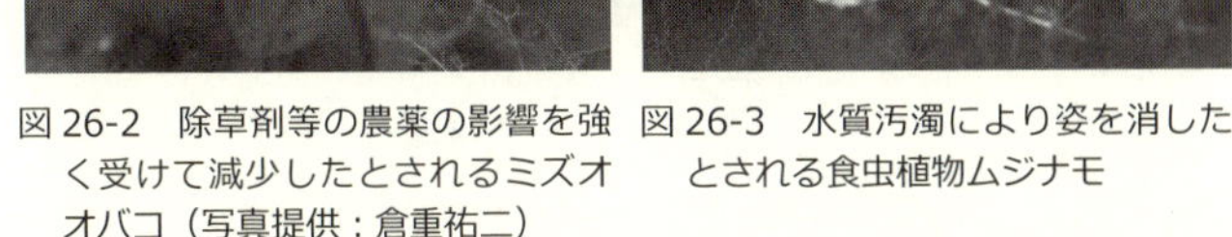

図 26-2　除草剤等の農薬の影響を強く受けて減少したとされるミズオオバコ（写真提供：倉重祐二）

図 26-3　水質汚濁により姿を消したとされる食虫植物ムジナモ

の原因となった水草は挙げられていませんが，捕食者の少ない水田を産卵に利用していたドジョウやナマズなどの魚類が減少したほか，常時水のある環境を好むオオアブノメやスブタなどの植物も影響を受けたと考えられています。

除草剤の使用も多くの水草に影響を与え，特にオオアカウキクサ，サンショウモ，ミズオオバコ，デンジソウなどの減少の一因と考えられます（**図 26-2**）。

水質汚濁

Q22 で取り上げた水質汚濁も水草を減少させる主な要因となっています。水の富栄養化によりアオコなどが増えると水の透明度が下がり，ガシャモクなどの沈水植物が光合成を行えなくなるほか，水の中が貧酸素状態になるため，生態系のバランスが崩れ，水草のみならず多くの生物が住めない環境になります。また，湧水を好むヒメバイカモやチトセバイカモなどは水質の悪化により減少したほか，ムジナモやタヌキモ類などの食虫植物は，他の植物が育ちにくい貧栄養な環境でも生育できるよう進化した水草ですが，水の富栄養化により水質が生育に適さなくなり減少したと考えられています（**図 26-3**）[1]。

人との関わりの変化（管理放棄）

環境省が挙げている「生物多様性に迫る危機」では，「第2の危機」として里地里山などの手入れ不足を挙げていますが，水草が生育する湿地においても，同様の事が起きています。前項でも湿地が昔から人に利用されてきた場所だと述べましたが，地球上の湿地のほとんどは何らかの形で人の影響を受けてきたと考えられます。しかし，現在は生活のスタイルの変化と共に，多くの水草が減少しています。

具体的に述べると，かつては生活に必要なもののほとんどは身の回りから得ていました。水草においては，湿地に多いヨシは，葦簀（よしず）や茅葺の屋根材などに利用されましたし，マコモは食用や神事で「むしろ」などに使われたほか，ショウブは菖蒲湯として利用されてきました。また，Q23 でも述べたように，池や潟に蓄積した泥は水田の肥料として利用され，人が物質循環の一員を担ってきました

図 26-4　現在，新潟市の佐潟で行われているジョレン掻き

(**図 26–4**)[7]。一方，現代は日用品は何でもスーパーやコンビニ，ネット販売で手に入れるようになり，肥料などについても外部から購入したものが利用され，池や潟に流れ込んだ余分な養分は蓄積する一方で，活用される例はほとんどありません。

図 26-5　草地管理の減少により個体数が減少したデンジソウ

また，米や魚についても，生産するのではなく，購入することがほとんどですので，農業や漁業に従事する人が減り，使われなくなった水田や池などは，ヨシなどの大型の水草やヤナギ類などの樹木が生育を始め，遷移の初期に現れる沈水植物や小型の水草が生育できる環境はどんどん失われています（**図 26–5**）。

その他にも，米の品質向上や農業機械が入りやすい等の理由から水田の乾田化が進み，水草が生育できなくなったことや，オオカワヂシャやオオフサモなどの外来生物などにより在来種の住処が奪われたことなども，水草の減少に拍車をかけていると思われます。

増えている水草もありますか?

Question 27

Answerer　久原 泰雅

この質問に率直に答えるなら，様々な外来水草を挙げざるを得ません。その増え方は，種類，植物量，そしてその分布の広がりにおいて驚異的といえる状況です。この問題についてはQ28をご覧いただくとして，ここでは，在来種が増えている事例をご紹介します。

増加傾向にある水草

近年は農業の進歩とともに減農薬化や散布時期の固定化などが少しずつ進められているためか，管理形態の変化に応じて，これまで希少種とされていたものでも増加傾向にあるものも見られます。筆者も調査を行った事例を挙げると，新潟県においてヒメミズワラビは20世紀後半までは希少とされていましたが，20世紀末ごろから水田脇に頻繁に確認されるようになり，現在では耕作田の脇に密生しているのをよく見かけるようになりました（**図27-1**，**未発表**）。

秋ごろに観察してみると，これらのヒメミズワラビは通常の個体より小さく，通常発芽する5～6月ではなく，7～8月以降に発芽するようです。シダ植物であるヒメミズワラビは胞子で繁殖しますが，この胞子は水と温度さえあればいつでも発芽できます。そのため除草剤等が散布される春には発芽しても枯れてしまうか発芽できませんが，薬の効き目が切れる夏前に発芽して生長するためだと思われます。このヒメミズワラビはサイズが小さいものの，秋には胞子嚢を作り，十分な量の胞子を作ることができるようです。その他，マルバノサワトウガラシやミズマツバなども同様に増加しているという報告もあり[8)]，

図 27-1　現在の水田管理により個体数を増やしたと考えられるヒメミズワラビ

図 27-2　保全活動により絶滅の危険性が低下したアサザ

現在の農業形態と植物の関わり合いにも注目すると，さらに面白いことがわかってくるかもしれません。

保全活動により増えている水草

積極的な保全活動により絶滅の危機を免れ，絶滅危惧種のランクが下がった水草もあります。Q25 で紹介したコシガヤホシクサも，野生絶滅から現在，自然復帰に向けての活動が進められていますし，アサザについても，霞ヶ浦などでの保全活動により絶滅の危険性が低下した（**図 27-2**）として，1997 年に環境省の「レッドリスト」で絶滅危惧Ⅱ類（VU）として登録されていたものが，2007 年に改定された際には準絶滅危惧（NT）に下げられました[9]。

このように，近年は生物多様性保全の活動についての理解が進み，その活動により復活を始めた，または絶滅を逃れた水草もみられるようになりました。その多くが非常に熱心な活動により成し得たことですが，保全活動にはいくつか気を付けなければならない点もあるため，注意が必要です。

1つは，生物多様性についての理解です。Q43（205ページ）でも述べていますが，生物多様性保全は生息域外保全と生息域内保全に分けられ，生息域外保全は本来の自生地とは異なる場所で栽培または保存することにあたり，生息域内保全の補完として行われるものです。一方，生息域内保全とは対象種を生息地で保全することで，植物であれば，受粉を行ってくれる昆虫や捕食動物などを含む周囲の生物や，土や水などすべての環境を含めて対象種が自立して生活できるよう手助けする保全です。

生息域外保全は，簡単に言えば栽培したり種子を保存したりすることですので，個人でも行えないわけではありませんが，生息地ごとの遺伝的な違いや生態系の中の一員として自生していることとは根本的に異なるため，栽培されているものを増やしたり，増えたものを自己の判断で自然環境に戻すのは良くありません。

もう1つは，生活史についての理解です。Q7でもお話ししましたが，水草の多くは攪乱（かくらん）に依存しており，突然の大水や河川工事，かいぼりなどにより，これまで見られなかった水草が突然出現することがあります（**図32-1参照**）。

これは，土壌中に含まれていた埋土種子が様々な要因で掘り起こされ，目覚めた為だと思われますが，出現した場所の環境がその水草に適した環境であるかどうかはわかりません。そのため，埋土種子から希少な植物が急に沢山出現した場合でも，その植物を保全していく際には，その植物の生活史（どのように生育し，繁殖しているのか）を理解し，今後も保全するためにどのような環境を整えていく必要があるかを考えなければなりません。

さらに，ある種の生き物を絶滅から救うということは，その種を永続的に残していくことですので，今後，数十年～数百年を見据えた活動が必要となります。勿論，今後の生活様式の変化や環境変化は予測できないものですが，個人の興味だけでなく，保全活動を行う際には地域住民や行政，専門家の意見を基に合意を得つつ行うことが重要と思われます。

水草にも外来種がある?

Question 28

Answerer　藤井 聖子

ありますᅳというかむしろ，外来生物法の「特定外来種」に指定されている植物16種のうち，半数にあたる8種が水草なのです（**表28-1**）!!

表28-1　特定外来生物および生態系被害防止外来生物に指定されている水草一覧（2018年6月現在）

区分の記号 / 特…特定外来種　緊…緊急対策外来種　重…重点対策外来種　その他の総合対策外来種

区分	種名	学名	科名（APGⅢ）	旧科名（新エングラー）
特　緊	ナガエツルノゲイトウ	*Alternanthera philoxeroides*	ヒユ	ヒユ
特　緊	外来アゾラ類（アメリカオオアカウキクサなど）	*Azolla* spp.	サンショウモ	アカウキクサ
特　緊	ミズヒマワリ	*Gymnocoronis spilanthoides*	キク	キク
特　緊	ブラジルチドメグサ	*Hydrocotyle ranunculoides*	ウコギ	セリ
特　緊	オオバナミズキンバイ	*Ludwigia grandiflora*	アカバナ	アカバナ
特　緊	オオフサモ	*Myriophyllum aquaticum*	アリノトウグサ	アリノトウグサ
特　緊	ボタンウキクサ	*Pistia stratiotes*	サトイモ	サトイモ
特　緊	スパルティナ属	*Spartina* spp.	イネ	イネ
特　緊	オオカワヂシャ	*Veronica anagallis-aquatica*	オオバコ	ゴマノハグサ
重	ハゴロモモ（フサジュンサイ，カボンバ）	*Cabomba caroliniana*	ジュンサイ	スイレン
重	イケノミズハコベ	*Callitriche stagnalis*	オオバコ	アワゴケ
重	アサハタヤガミスゲ	*Carex longii*	カヤツリグサ	カヤツリグサ
重	シュロガヤツリ	*Cyperus alternifolius*	カヤツリグサ	カヤツリグサ
重	メリケンガヤツリ	*Cyperus eragrostis*	カヤツリグサ	カヤツリグサ
重	オオカナダモ(アナカリス)	*Egeria densa*	トチカガミ	トチカガミ
重	ホテイアオイ（ウォーターヒヤシンス）	*Eichhornia crassipes*	ミズアオイ	ミズアオイ
重	コカナダモ	*Elodea nuttallii*	トチカガミ	トチカガミ
重	グロッソスティグマ	*Glossostigma elatinoides*	ハエドクソウ	ゴマノハグサ
重	ウチワゼニグサ（タテバチドメグサ）	*Hydrocotyle verticillata* var. *triradiata*	ウコギ	セリ
重	キショウブ	*Iris pseudacorus*	アヤメ	アヤメ
重	コゴメイ（複数種の総称）	*Juncus* sp.	イグサ	イグサ
重	ラガロシフォン・マヨール	*Lagarosiphon major*	トチカガミ	トチカガミ
重	アマゾントチカガミ（アマゾンフロッグピット）	*Limnobium laevigatum*	トチカガミ	トチカガミ
重	アメリカミズユキノシタ（ルドウィジア・レペンス）	*Ludwigia repens*	アカバナ	アカバナ
重	オラダンダガラシ（クレソン）	*Nasturtium officinale*	アブラナ	アブラナ

重	園芸スイレン	*Nymphaea* cvs.	スイレン	スイレン
重	チクゴスズメノヒエ	*Paspalum distichum* var. *indutum*	イネ	イネ
重	ヒロハオモダカ（ジャイアントサジタリア）	*Sagittaria platyphylla*	オモダカ	オモダカ
重	ナガバオモダカ（ジャイアントサジタリア）	*Sagittaria weatherbiana*	オモダカ	オモダカ
重	オオサンショウモ	*Salvinia molesta*	サンショウモ	サンショウモ
重	オオバナイトタヌキモ（ウトリクラリア・ギッバ）	*Utricularia gibba*	タヌキモ	タヌキモ
重	エフクレタヌキモ	*Utricularia inflata*	タヌキモ	タヌキモ
重	外来セキショウモ類（オオセキショウモ（ジャイアントバリスネリア）やセイヨウセキショウモに酷似した外来種）	*Vallisneria gigantea*, *Vallisneria* spp.	トチカガミ	トチカガミ
その他	ウキアゼナ（バコパ・ロトゥンディフォリア）	*Bacopa rotundifolia*	オオバコ	ゴマノハグサ
	アメリカヤガミスゲ	*Carex scoparia*	カヤツリグサ	カヤツリグサ
	キシュウスズメノヒエ	*Paspalum distichum* var. *distichum*	イネ	イネ
	クラッスラ・ヘルムシイ	*Tillaea helmsii*	ベンケイソウ	ベンケイソウ

そもそも外来種ってなあに？

外来種と聞いて，皆さんは何を思い浮かべますか？　ヌートリア，ブラックバス，ブルーギル，ウシガエル，カミツキガメ，ジャンボタニシ，セアカゴケグモ……，外来動物はたびたびニュースなどで話題にあがるので，ほとんどの方の頭の中にはこれらの名前が浮かぶのではないでしょうか。植物で言えば，水草のホテイアオイやオオカナダモの名を聞いたことがあるかもしれません。

外来種とは，簡単に言うと，ある地域に存在していなかったのに，意図的または非意図的な人間活動によって，他の地域から入ってきた生物を言います。そうすると皆さんが恩恵を受けているイネやイネの伝播とともに日本に入ってきた水田雑草，ウメやモモなどから野菜に至るまで多くの農作物も全て外来種になってしまうので，後述する我が国の外来生物法では，人間の移動や物流が盛んになり始めた明治時代を区切りとして，それ以降に移入してきたものを外来種と定義しています。

外来種は海外から持ち込まれた種だけではなく，国内の分布域外への移動も外来種として扱います。例えば，ゲンジボタルは西日本と東日本では発光パターンが異なり，遺伝的にも区別ができることが知られています。そのため，高知にいたゲンジボタルの幼虫を観賞用に東京の小川に放流すれば，それは東京にいるはずのないゲンジボタルを導入したことになり，もとからいる東京のゲンジボタル，さらには周辺の生態系に何らかの影響を与える可能性があります。これを，海外からの外来種と区別して国内外来種と言います。ちなみに，海流に乗って移動する魚や植物種子などは，分布範囲外の他地域に漂着したとしても，自然の力で移動したことになるので外来種とはしません。

外来種の一部は，移入先で在来種との競争や交雑による遺伝子攪乱（かくらん）など様々な悪影響を及ぼして生物多様性を脅かすばかりでなく，人間活動や経済に被害を及ぼすこともあります。

本来，生物は周囲の他の生物や環境と相互に関係しあいながら生き，そして進化してきました。地球が出来てから今日までの長い長い歴史の中で，複雑で絶妙なバランスの中に身を置いている生物たち。それがある日突然，もともとはいなかった地域に入った場合どうなるでしょうか。おそらく，多くの外来種が移動先の環境に適応できず死んでいくでしょう。うまく移入先の生態系に組み込まれて目立たないものもいるでしょう。

しかし，生育環境が良好で，天敵もいないなど好条件が揃った種は爆発的な繁殖をするなどして移入先で「侵略的」な外来種になります。

「特定外来種」に指定されている植物 16 種のうち半数が水草

先ほど述べたように，外来種のうち，自然環境や生物多様性を脅かす恐れのあるものを侵略的外来種と言います。「侵略的」とは，なかなか物騒ですが，移入先で逸出(いっしゅつ)し侵略的とされる生物たちはむしろ人間活動による被害者であり，何の罪もありません。

海外から日本に来る侵略的外来種ばかり話題になりますが，逆に日本から海外にわたり，侵略的外来種として猛威をふるうものもいます。例えば，日本の在来種であるクズは，1900 年代に家畜の飼料と工事現場の土砂流出防止目的で積極的にアメリカに導入されました。その後野生化し，驚異的な繁殖力で猛威をふるったためその侵略性が問題となり，今では「グリーンモンスター」というニックネームまで与えられて，国際自然保護連合（IUCN）が定めた世界の侵略的外来種ワースト 100 にランクインしてその悪名をとどろかせています。

クズだけでなく，ヨーロッパではイタドリが問題になるなど，日本の在来種が海外で侵略的外来種として振る舞っている事例があります。

水草の例を挙げると，日本ではアメリカ大陸に分布するオオカナダモ・コカナダモが侵略的外来種として知られていますが，反対に北アメリカではクロモの栽培個体が逸出し，爆発的に繁茂して大問題になっているそうです。

さて，我が国ではこういった侵略的外来種の被害を防止するために，2005 年「特定外来生物による生態系等に係る被害の防止に関する法律」，略して「外来生物法」が施行されました。

これは，日本の生態系，人の生命・身体，農林水産業に被害を及ぼすまたは及ぼすおそれのある海外由来の外来生物（侵略的外来種）の中から，学者を初めとする有識者から意見を聴収したうえで環境大臣が「特定外来生物」を指定し，それを規制・防除の対象とするものです。特定外来生物は生きているものだけに限られますが，個体だけでなく卵や種子，特定の器官が指定されるので注意が必要です。指定された種は，その飼養，栽培，保管，運搬，輸入，販売，譲渡といった取り扱いが禁止され，違反内容によっては個人で 300 万円以下，法人では 1 億円以下の罰金など厳しい罰則が設けられています。すでにはびこっている種に対して特に大きな抑制効果は望めませんが，現在流通ルートに出回っているもの，出回りつつあるもの，分布拡大の過程にあるものなどには大きな抑止力になります。

そのため，いろいろなご意見があるかとは思いますが，現行の法律では，すでに全国に蔓延しきっているオオカナダモ・コカナダモやホテイアオイなどは特定外来生物には指定されていません。

特定外来種は定期的に更新されており，2005 年当時の植物の指定種はナガエツルノゲイトウ，ブラジルチドメグサ，ミズヒマワリの 3 種で，すべてビオトープや水質浄化，アクアリウムや訪花昆虫目的で導入された「水草」でした。その後指定種数は増え，現在では指定 16 種中 8 種が水草（**表 28-1**）で，なんと半数を占めています。

かつて夏になるとどこのホームセンターでも見かけたボタンウキクサ（ウォーターレタス）ですが，最近めっきり見かけなくなったことに気づかれましたか？　ボタンウキクサは特定外来種に指定されたため規制がかかり，市場から消え去りました。すでにはびこってしまったところでは行政が数億円かけて駆除した事例がありますが，流通がなくなったことで今後国内での分布が拡大する可能性が極めて低くなったと言えます。

余談ですが，このように流通しなくなると稀少価値がでて違法に販売する人が出てくるもので，2016年には小型のボタンウキクサを「ヒメウキクサ」と称してネットオークションで販売していた個人が逮捕されました。しかしながら，まだ一般に特定外来種についての周知は十分とは言えず，ホームセンターや園芸店から姿を消したものの，いまだ一般家庭や雑貨屋，レストランなどで見かけることがあります。

なお，特定外来種に指定されていないものでも，生態系・人の生命・身体・農林水産業に被害を及ぼすまたはそのおそれがあるものについては，外来生物法に基づく規制の対象にはならないものの，環境省および農林水産省が作成する「我が国の生態系等に被害を及ぼすおそれのある外来種リスト（生態系被害防止リスト）」に選定されています（**表 28-1**）[1)]。

日本全国で外来水草の野生化とその異常繁茂が問題となっていますが，その一方で日本の在来水草の多くが絶滅の危機に瀕しています。河川の護岸工事，河川下流域や平野などの湿地やため池の開発，水田の圃場整備等の影響に加えて水質汚濁や除草剤の使用など，数々の人間活動による悪影響もありますが，反対に里山消滅による水田放棄によって長年人の営みと共存してきた多くの在来水生植物の生育地が失なわれるといったことも起きていて，状況は深刻です。

　侵略的な外来水生植物は，このような在来種が細々と生きながらえている水域に侵入し，追い打ちをかけているのです。

ビオトープやアクアリウムが外来種問題の原因？

Question 29

Answerer　藤井 聖子

最近，アクアリウムの人気が高まっているようで，そのこと自体は，水草研究に携わる者としてとてもうれしく思っています。また，環境教育の一環として学校の校庭にビオトープが作られる例も増え，こちらも素晴らしい活動だと思います。いずれも皆さんに水草への関心を持っていただく良い機会なのですが，外来種問題に関係しているとするならば，一体どこに問題があるのでしょうか。

日本国内で野生化が報告されている外来水草は 50 種以上にのぼるとされています。そのほとんどがビオトープやアクアリウム用として流通・販売されている種（**図 29-1a ～ c**）であることから，観賞用として導入されたものが逸出（いっしゅつ）していると考えるのが自然でしょう。近年のアクアリウムブームやネットオー

図 29-1　日本で野生化している外来種
a）親水公園の水路で野生化している特定外来種オオフサモ（パロットフェザー）
b）ハタベカンガレイなどの貴重種が自生する湧水河川で野生化しているラージパールグラス
c）市街地の水路で野生化しているハイグロフィラ・ポリスペルマと思われる群落（写真手前）

クションの普及も相まって，20年前とは比べ物にならないほど多様な外国産水草が入手できるようになりました。ということは同時に，取り扱いかたによっては様々な外国産水草が野生化する機会が増えたということでもあります。そうなると，やはりビオトープやアクアリウムが元凶である，悪いものであると捉えられてしまいます。ごく一部の人の軽はずみな行為によって，この素晴らしい趣味全体を否定されてしまうとしたら，それはとても悲しいことです。

なので，そういった誤解を生まないためにも水草を楽しむ人には外来種問題を正しく知って楽しんでいただきたいと願っています。

では，問題となっている外来水草はどうやって野生化したのでしょうか。外国産水草が逸出する機会はいろいろ考えられます。まず，水草を生産しているファーム，販売しているショップ，そしてビオトープやアクアリウムを楽しむ趣味家です。水草の一部は茎を切断された「切れ藻」の状態からでも根・茎・葉を生やして再生できるものがいるので，これらをうっかり溝や川に直結しているところに流してしまえば十分野生化する可能性があります。

また，よくあるのが「かわいそうだから」と近所の川や池に増えた水草を植栽したり投棄する行為です。筆者自身もアクアリストですので，お気持ちはよくわかります。大切に育てた水草をトリミングした後，行き場がなくて捨ててしまうのはとても残念で，悲しい気持ちになります。でもダメです。日本の植生のためにも，その水草のためにも，そして自分自身のためにも，どうか心を鬼にしてゴミ箱に捨てる勇気をもってください！

最近，琵琶湖で爆発的に増殖して特定外来種に指定されたオオバナミズキンバイ等を例に見ても，生態系への被害だけでなく駆除にも莫大な経費と労力がかかるなど，人間活動に大きな支障となっていて，ちょっとした軽はずみな行為がいかに深刻な影響を及ぼすかを示しています。

筆者は水草が大好きなので，ビオトープやアクアリウムがブームとなり発展していくことをとても喜ばしく思っています。しかし，一方で一部の趣味家が意図的・非意図的を問わず野外に外国産水草を野生化させてしまっていることは事実です。ぜひ，水草に興味を持っていただいている多くの読者の皆さんには，この外来種問題を正しく知っていただいて，今後も多くの外国産水草を規制なく楽しめるよう，生物を育てるうえでのルールを共通認識できたらと思います。

ビオトープやアクアリウムは閉鎖された水景で楽しむものなので，工夫し，気を付ければ逸出は防げると筆者は信じています。外国産水草は「箱庭」で楽しむことにして，在来水草が生育する日本の誇るべき美しい水辺を保全していきましょう。

これは皆さんのご協力なしには成し遂げられません。ぜひともご協力をお願いします。

東日本大震災の影響は水草にもありましたか？

Question 30

Answerer　田中 法生

水草にも大きな影響がありました。未曾有の災害と言われる東日本大震災は，人にとっては，想像をはるかに超えた悲惨な出来事でした。しかし水草にとっては，悪い影響とともに，見方によっては良い影響もありました。実はこれには，水草が生育する環境と水草の生態が関係しています。

東日本大震災を例に，水域を攪乱（かくらん）するような地質現象・気象現象が水草に与える影響を知り，私たちがそれとどう向き合えばよいのかを考えてみましょう。

アマモの消滅

東日本大震災の震源に近い三陸海岸は，海岸線が入り組んでいて，多数の湾や入り江があります。そこは，アマモを初め，スゲアマモ，タチアマモ，オオアマモ，コアマモといったアマモ科の海草（以降，アマモ類）がたくさんの群落を作る，日本有数のアマモ類の生育地でした。

しかし，最大16mとされる巨大な津波は海底の砂泥を巻き上げ，そこに生育していた多くのアマモ類群落を減少，ときには消滅させてしまいました。それまで，アマモ類が作り出していた海中草原のような景色は，まるで海中の砂漠のように姿を変えてしまったのです（**図30-1**）。

筆者らは，三陸で激減したアマモ類群落は回復するのか？，するとすれば，以前と同じような健全なアマモ類群落となるのか？，これをテーマとして研究を行っています。「健全な」とは，遺伝的な多様性が変わっていないかという視点です。例えば，津波によってほとんどの個体が無くなってしまったとする

図 30-1　震災後のアマモ生息地
岩手県宮古湾。以前はアマモ群落が広がっていましたが，震災直後には著しく減少しました。

と，残ったわずかな個体や，その後に入ってきたわずかな個体だけを元に増えた場合には，遺伝的な多様性が低下してしまい，環境の変化に対応したり，病気に抵抗したりする能力が下がってしまう可能性があるのです。

これを確認するためには，震災の前のアマモ群落の遺伝的なデータと比べる必要があります。幸いなことに，津波前に筆者らは三陸のアマモ群落の研究をしていたため，そのデータを持っていました。これらの遺伝解析の結果，まず，一度消滅した群落跡地に再生してきた個体は，それぞれの湾に元々生育していたアマモの種子から発芽したものである可能性が高いことがわかりました。それは当たり前だと思われるかもしれません。しかし，アマモの種子の寿命は短いと考えられているうえに，海底の砂泥が激しく攪拌され，陸上に打ち上げられてしまった今回のようなケースでは，生きた種子が残っているかどうかさえ怪しかったため，重要な発見でした。アマモの種子は，葉とともに海流に乗って移動するため，他の湾から流れてきた種子が新しい個体群の元になる可能性も高いのではと考えていましたが，そのような結果は出ませんでした[1)]。

多くのアマモ群落では，個体数は圧倒的に減少しているにも関わらず，遺伝的多様性は低下していない地点がほとんどでした[1)]。これは，新しい群落が再生するときに，残った個体ではなく，種子からの発芽が貢献していることが大きな要因と考えられます。もしかすると，このような大規模な攪乱によって，地下茎を伸ばす栄養成長で広がっていた群落がリセットされ，種子からの個体を主体とした群落が出来ることで，遺伝的多様性が上がるとも考えられ，長い目で見ればアマモにとっては良い面もあるのかもしれません。とは言え，個体数が減少していることは確かなので，今後の群落の回復に伴って遺伝的多様性がどのように変化するかはわかりません。安易な予断を持たずに，調査を継続的に行い，経過を見守らなければいけないと考えています。

希少な水草が次々に出現

陸上の変化を見てみましょう。津波によって海水が陸上へ入り込みましたが，次第に塩分が抜けてくると，地震による地盤沈下や湧水の出現などによって，水田や谷戸があった場所に湿地や池が生じました。朱宮丈晴博士（日本自然保護協会）によれば，宮城県南三陸町戸倉地区に出現した湿地には，ミズアオイ，ミズオオバコ，トリゲモ，ホッスモなど希少な水草が確認されました（**図 30-2**）。これは，水田や谷戸の土の中で眠って

図 30-2　宮城県南三陸町に震災後に出現したミズオオバコ群落(a)とミズアオイ群落(b)（写真撮影：2013 年 8 月，朱宮丈晴，日本自然保護協会）

いた埋土種子が一連の攪乱で掘り出され，発芽したものと考えられます。

実はこの出現は，水草特有の生態が深く関わっており，同時に，日本の水草が抱えている問題を象徴しているのです。少し詳しくお話しします。

水草の生育環境の原点

水田やため池などを好んで生育する水草は，本来このような攪乱が自然にかつ頻繁に発生する環境に生育していたと考えられます。

例えば，関東平野を流れる利根川は，かつて暴れ川として有名だったそうですが，現在ではそれが氾濫することはほとんどありません。しかし，人が未だ何も管理をしていない河川の中下流域には，土砂がたまって出来た自然堤防があり，その外側は湿地や池が点在する氾濫原があります（**図 30–3**）。大雨などで増水すれば，自然堤防は決壊し，水と土砂が氾濫原に流れ込み，そのたびに湿地や池の場所が変わるような状況だったはずです。

現在水田やため池に生育するような水草は，まさにこのような環境に適応した生態をしています。種子をたくさん作り，水

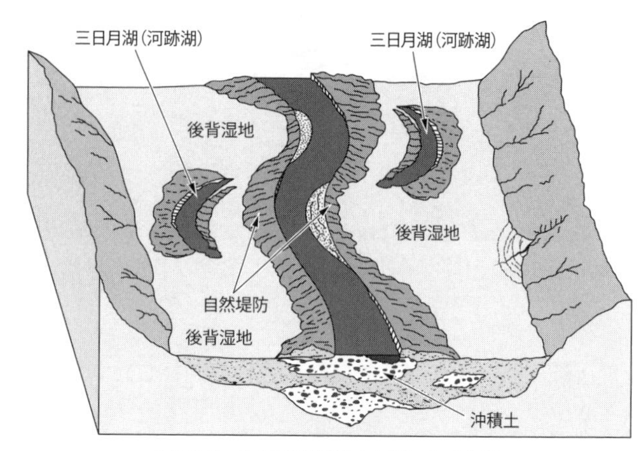

図 30-3　河川の氾濫原と水草の生育環境
大雨などで自然堤防が決壊し，後背湿地に水が流れ込むと，湿地や池の場所が変化します。そのような環境が水草の良い生育場所だったと考えられます。

が豊富な春から秋までの間に，種子から発芽して成長し，秋には種子をたくさん作って枯れるというような。氾濫が起これば，水草にとっての適地は移動しますから，種子で簡単に移動先に定着できる性質が有利だと考えられます。

逆に，もし氾濫が起こらないとどうなるでしょうか？　湿地や池には少しずつ枯れた植物が堆積し，池は湿地に，湿地は草地に，草地はやがて森林に変わってしまいます。これを遷移と言います。湿地や池は本来，氾濫によって遷移を止められなければ，その環境が維持されません。氾濫あってこその水草なのです。しかし，大雨の度に氾濫が起きるようでは，周辺に人が住めないため，大きな堤防を築くなどして，河川が氾濫しないような制御をするようになったというのが現在の状況なのです。

そうなると，そのような水草はとっくに絶滅していそうなものですが，日本では稲作が盛んに行われてきたことが救いとなりました。つまり，河川に堤防を作るようになるのと平行して，氾濫原だった場所に稲作などのための水田や水路，ため池を作ってきたのです。氾濫原に生育していた水草はそこに住処を移して，生存することができたわけです。しかも，水田では代掻きをしますし，ため池ではかいぼりをして維持してきました。これは言わば，人工的な小さな攪乱であり，水草にとっては格好の退避場所となりました。

ところが，またさらなる苦難が，この数十年で水草に起こっています。せっかく退避した水田やため池の管理方法が変わったり，管理が放棄されるなどして，"元の住処"の氾濫原とは異なる環境になってしまったのです（Q26 参照）。

出現した植物をいかにして守るか

このような背景の中で，水田や休耕田，周辺の陸地などに眠っていた水草の種子が久しぶりの大規模な攪乱によって，目覚めたのが南三陸町の水草だったのです。

水草の貴重な復活劇ですが，この後はどうすればよいのでしょうか。今回現れた水草には絶滅危惧種も多く，このような環境自体も貴重なので，守ることができればそれが理想的です。しかし現実には，極めて困難です。先述したように，このような環境は，たまに攪乱が起こらないと腐植質や泥がたまって数年で陸地になってしまうからです。

これは放棄された水田やため池と共通する問題ですが，これを防ぐには，攪乱を妨げないようにする，つまり洪水や津波が来てもよいようにする，あるいは定期的に泥を掘り出したりして人為的な撹乱を起こしてあげる必要があります。前者が現実的でないことは明白ですが，後者は技術的には難しくないものの，誰が労力や経費を使って行うのかを考えると，容易でないことに気付きます。しかも東日本大震災の場合は，水田や畑地だった場所は，農地に復元したり，防潮堤の建設などに関連して道路や堤防建設の用地にするなどの計画が優先されました。

一部では，復活した水草が再び消滅する前に植物園で栽培保存したり，近隣に代替地を用意してそこに土壌ごと移植して人為的管理を行いながら守るということも行われています。地域の負担にならずに，復興とともに持続できるような方策が見つかれば，それこそが今後のあるべき形だと思います。

水草の時間軸で考える

東日本大震災から７年が経過しました。アマモ群落は，一部の地域では回復が見られるものの，全体としてはまだまだです。正直に申しますと，５年ほどで元に戻るではないかと筆者は楽観的に予想していましたから，恥ずかしながら何もわかっていなかったということになります。これは，筆者１個人（ヒト１個体）の時間軸で考えていたせいかもしれません。アマモの時間軸で考えれば，これまでも千年に一度は同様な大規模撹乱を経験していたはずなのに，震災前には豊かな（遺伝的多様性が高い）群落を形成していたわけです。そのように考えれば，たった７年でそう簡単に回復するものではないのかもしれません。

もちろん，生物学者の端くれとしては，生物の群落や種のレベルで俯瞰的に捉えられているつもりだったのですが，改めてその点を考えさせられました。氾濫原の水草についても，もしかしたらそのような長期的な視点が重要になるのかもしれません。とは言え，なかなか目の前で生きている水草を放っておけないのですけどね。

古代ハスって何ですか？

Question 31

Answerer　久原 泰雅

古代ハスとは，数百年～数千年前の地層などから発掘された種子から発芽したハスのことです。最も有名なものとしては，2000 年以上前の泥炭層から発掘された実から育てられた「大賀(おおが)ハス」があります（**図 31–1**）。

大賀ハスの発見とその経緯

植物の種子は，種や個体，置かれた環境によっても異なりますが，数年から数十年の間，発芽可能な状態で保存できるものがあることが知られています[1)]。その中でもハスは保存状態が良ければ数千年という年月の間，発芽可能な状態で保存されることで知られており，以下に述べる大賀ハスもその 1 つです[2)]。

千葉県千葉市の東京大学農学部検見川厚生農場（現，東京大学検見川総合運動場）では，戦中から戦後にかけて，燃料として草炭（ピート）の採取が行われていましたが，1947（昭和 22）年に 1 隻の丸木舟と 6 本の櫂が出土したため発掘調査が進められ，その結果，さらに 2 隻の舟とハスの種子（正確には，堅い果皮を持つ果実）や花托(かたく)などが見つかり，「落合遺跡」と名付けられました。

当時，古代ハスの研究を行っていた関東学院大学教授の大賀一郎博士は落合遺跡で出土したハスの種子に目をつけ，1951（昭和 26）年に地元の小・中学生らの協力を得てハスの種子の発掘を行い，その結果，3 粒の種子を得ることができました。さらにその中の 1 つが発芽し，翌年の 7 月に開花したことから，米国の雑誌「Life」に「世界最古の花」として紹介され，海外にも知られることになりました（**図 31–2**）。

図 31-1　古代ハスとして知られる「大賀ハス」

大賀博士は，このハスの種子が出来た年代を測定するために，同じ落合遺跡の地層から発見された丸木舟の木片を米国のシカゴ大学に送り，放射性炭素年代測定を依頼したところ，3075 年± 180 年前のものであることがわかりました。この結果から，大賀博士はハスの実が少なく見積もっても 2000 年以上前のものであるとし，「二千年蓮」として公表したほか，1953 年にこのハスを「検見川の大賀蓮」と命名しました。

図 31-2　米国の雑誌「Life」に掲載された大賀博士と大賀ハス（出典：時事世界社『時事世界』昭和 27 年 9 月号掲載）

これ以降，このハスは，一般には「大賀ハス」と呼ばれ全国各地に株分けされて育てられているほか，中国やアメリカなど世界各国へも送られ，友好親善に役立てられています。

なぜハスの果実は長寿なのか

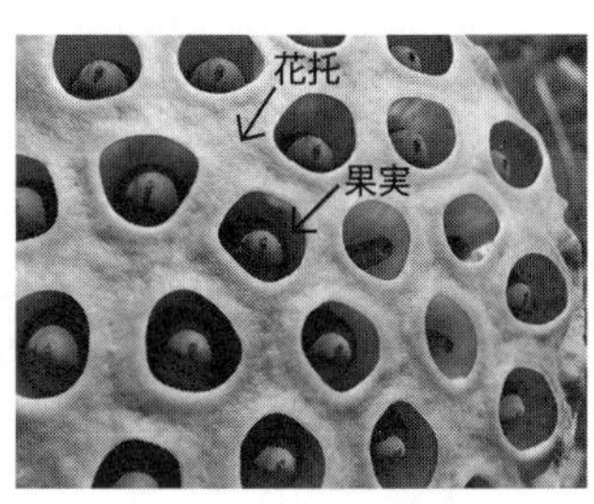

図 31-3　ハスの花托と果実

ハスは，古くは「はちす」と呼ばれ，結実期の花托（かたく）が蜂の巣のように見えることから名づけられました。花托というのは花柄（かへい）（花をつける柄）の先端で，花と接している部分のことを指し，イチゴやイチジクでは可食部にあたります（Q33 参照）。ハスの果実はこの花托にめり込むように入っており，複数の果実が集まる集合果と呼ばれる構造を持ちます。成熟するにつれて花托と果実の間に隙間が見られる様になり，完全に成熟すると花托から取れて水の中に落ちます（**図 31-3**）。

ハスの果実は種子に見えますが，一番外側の部分は果皮と呼ばれる果実の部分で，果肉は無く，非常に硬いことから堅果（けんか）と呼ばれます。堅果にはドングリやヤシなどがあります。

ハスの果実が長寿である理由として，次の２つが考えられます。

① 果皮が硬い。
水分や酸素の代謝が困難となるため発芽しにくい代わりに，菌類の侵入を防ぎ，胚の変質を防ぎます。なお，子葉の間の空洞が，種子の呼吸に役立っています。

② 含水量が少ない。
水分が少ないことで代謝がより少なくなり，長期間生きていられる。

これらの特性をもとに，土壌中のような低温で温度や湿度の変化がなく，光がさえぎられる場所で保管されると，果皮の劣化が生じにくくなり，長期保存されます[2)]。

ハス以外の水草の種子も長い間生存できるの？

Question 32

Answerer 久原 泰雅

ハスの種子のように数千年という長期間の生存は知られていませんが，他の水草でも地中の環境次第では長い間生きたまま保存されると考えられます。

未来に託される種子

植物の種子には，自分の子孫を残す役割の他にも，移動したり厳しい環境に耐えたりする役割があり，植物の種類や置かれた環境によって様々な生きるための戦略をとっています（Q7 参照）。

Q31 で紹介したハスほど長く生きている種子は他には知られていませんが，植物の種子の中には数年から数十年生存できるものがあります[1)]。そのため，何もないように見える地面や堆積物の中にも様々な生育可能な種子が残されている可能性があり，それらは埋土種子集団（土壌シードバンク）と呼ばれます。これらの種子は，生育に適さない環境下では土壌中に保存されますが，木が倒れてギャップと呼ばれる空間が出来たり，土砂崩れで環境が変化したりと環境が好転した場合に発芽し，成長します。

図 32-1　水田水路に埋土種子から出現したミズアオイ

特に水草の種子は，流れと共に運ばれる土壌などの堆積物中に紛れて埋められることが多く，さらに湿地の底などに保存された場合には発芽に必要な酸素が少ないことから長期間保存されると考えられています[3)]。実際に，千葉県の手賀沼で，約20年前にこの場所では絶滅したと考えられていたガシャモクが休耕田に掘られた溝に突如として出現したり[3)]，圃場整備が行われた後などに突然ミズアオイが出現したりする[4)]のも，埋土種子が発芽したものと考えられます（**図32–1**）。

日本では，主に戦後の高度経済成長期による復興に伴い，自然資源の過度な利用などにより自然環境が損なわれてきました。しかし，自然と共生する社会の実現は豊かな生活を育むために必要な課題で，その実現のための自然再生推進法が2003（平成15）年に環境省により施行されています[7)]。失われた自然環境を取り戻す際，生き物を人為的に導入することがありますが，植物においては，他の場所から植物を持ち込むのではなく，土壌シードバンクから出現した植物を植栽する例も増えてきました[3)]。土壌シードバンクに含まれる種子は元々その場所に生育していた植物ですので，国内外来種（Q28参照）となる懸念もありません。生物多様性に配慮した手法ということができます。

土壌シードバンクを利用した湿地再生の取り組み

新潟県新潟市西区に位置する佐潟は，1996年に国内10番目のラムサール条約湿地として登録された淡水湖で，ハクチョウなどの水鳥の飛来地としても知られています（**図32–2**）。この佐潟は，江戸中期以降，水田や漁場，レンコンの収穫地とし

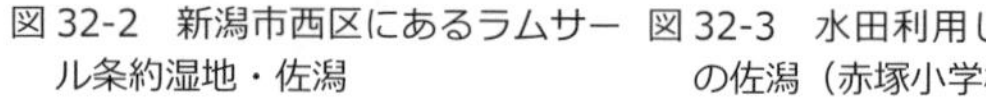

図 32-2　新潟市西区にあるラムサール条約湿地・佐潟

図 32-3　水田利用していた 1955 年頃の佐潟（赤塚小学校所蔵）

て人との繋がりが強く，里山ならぬ「里潟」としての在り方が検討されています[5]。

佐潟は，かつては水田として利用され，ヨシなどの抽水植物はあまり見られませんでしたが，1970 年の減反政策などにより水田は徐々に管理放棄され，ヨシ原へと姿を変えていきました（**図 32–3**）。この変化は，湿地が陸地へと移り変わる遷移の過程で起こる自然なことですが，この変化と並行して佐潟からデンジソウやアギナシ，クロモ，トチカガミと言った数多くの水草が姿を消しました[6) 7)]。

水田は人の作り出した環境でありながら，多くの生物を育む場としても知られます[8) 9)]。これは，水田管理という人為的な行為が，結果として自然攪乱（かくらん）を模倣しているためで，このような環境を好む水草の住処を提供し，それが豊かな生物多様性を育んできたのです。佐潟のヨシ原への変化は，鳥や昆虫などの住処を提供した一方で，上記のような多くの水草の減少へと繋がったのです。

図 32-4　地元の学生と共に行われている潟普請の活動（新潟市佐潟）

図 32-5　佐潟の埋土種子から出現した植物
a) ミズアオイ，b) スジヌマハリイ，c) ヒメミズワラビ

このことに限らず，佐潟では水質の悪化や湖底のヘドロの堆積，松枯れなどの問題も含めた，環境保全を行う活動が 2006 年より開始されました。活動としては，潟普請（かたぶしん）と呼ばれる清掃活動やジョレン掻きと呼ばれる湖底のヘドロの回収，ヨシ刈りなどで，筆者もこれらの活動に協力しており，特にヨシ刈りやその他の活動による植生の変化を観察しています（**図 32-4**）。

これまでに観察できたこととしては，かつての水田を復元するために「ど」と呼ばれる水路を掘りなおしたところ，その次の年に，この場所からミズアオイやスジヌマハリイ，ヒメミズワラビといった新潟市で絶滅危惧種とされる植物が出現しました（**図 32-5**）[10]。これらは「ど」の場所の埋土種子から発芽した植物と考えられ，今後の潟の再生に期待がかかりましたが，残念ながら，同様の管理を続けたにもかかわらず，2013 年までにこれらの植物はその場所から姿を消してしまいました（**表 32-1**）。これは，始めに「ど」を作った際には，ヨシ原が大きくダメージを受け，ヨシが回復できなかったため，埋土種子由来の植物が生育できたのですが，ヨシ原はすぐにこの場所に広がり，「ど」の形状に合わせて回復したため，光の当たる環境が失われたのが原因だと思われます。今回の例に限らず，一度復活した植物がしばらくするとまた消えていくことがあります。

表 32-1　ヨシ刈り地に出現した埋土種子由来の希少植物

種名	科名	レッドリストランク			形態	確認年度（個体数）								
		全国	新潟県	新潟市		2008	2009	2010	2011	2012	2013	2014	2015	2016
ミズアオイ *Monochoria korsakowii*	ミズアオイ	NT	II類 (VU)	II類 (VU)	抽水	10	8	45	×	×	×	×	×	×
スジヌマハリイ *Eleocharis equisetiformis*	カヤツリグサ	II類 (VU)	II類 (VU)	I類 (CR)	抽水	–	5	14	12	8	3	×	×	×
ヒメミズワラビ *Ceratopteris gaudichaudii* var. *vulgaris*	イノモトソウ		NT	NT	抽水	–	–	8	×	×	×	×	×	×
ヤナギトラノオ *Lysimachia thyrsiflora*	サクラソウ		I類 (CR)	I類 (CR)	抽水	–	–	–	–	–	–	–	–	50

※確認年度の「–」は確認されていない種，「×」は確認されたが，焼失した種を指す。

埋土種子から絶滅危惧種が復活することは時々起こりますが，その植物がその後も生きていけるかどうかは，その場所の管理に関わってくるのです。その中で，他のヨシ刈り地の一部に2016年からヤナギトラノオという絶滅危惧種の生育が確認され，その群落が二年目となる今年も生育が確認されたことは，希望の持てる事例と言えます（**図 32-6**）。

図 32-6　ヨシ刈り地に出現したヤナギトラノオ

このように，埋土種子を利用する湿地再生も思い通りに行くものばかりではなく，長期的な維持管理計画も含めて検討する必要があります。佐潟では，これらの結果を踏まえ，今年から常に手を加えながら試験的に管理できる小さな湿地を設けました。この湿地では，「ど」から復活する植物や湖底の泥から出現する植物などを栽培する予定にしていますので，今後の変化にご期待いただければと思います。

Section 4

水草を利用する・楽しむ

水草は食べられますか？

Question 33

Answerer　中田 政司

野生のセリ，ミズアオイ，コナギ，ジュンサイ，ヒシなどの水草は古くから食用とされてきました。また，中国から渡来したハス（レンコン）やクワイは野菜として栽培されています。私たちが主食としているイネも成長の初期では水に浸かって生活していることから，水草と考えることができます。コウホネやサジオモダカのように薬として利用されている水草もあります。

古くから野菜として食べられていた水草

奈良時代の終わり，760年頃にまとめられたとされる『万葉集』には，芹（セリ），水葱（ナギ＝ミズアオイ），子水葱（コナギ），蓴（ヌナワ＝ジュンサイ），菱（ヒシ）などが詠まれており，野生のものを摘んで野菜として食べていたと考えられています。また，平安時代中期の宮中のきまりなどをまとめた『延喜式（えんぎしき）』には，ミズアオイやセリが栽培され，天皇の食膳にジュンサイが供せられたという記録があります。

セリは春の七草にも数えられ，正月の七草粥には欠かせない野菜です。ミズアオイは除草剤などの影響で少なくなり，日本では絶滅危惧種となってしまいましたが，中国では食材として店頭に並んでいるのを見ることができます（**図33–1a**）。このミズアオイに似た小型の水草がコナギです。

ジュンサイは浮葉植物で，水中にある寒天質の粘液に被われた茎頂や若い葉を，酢の物や汁の実として食べます。秋田県を中心とする東北6県では栽培生産されており，煮沸・水洗して瓶詰や袋詰で出荷されていますが，最近では中国からの輸入

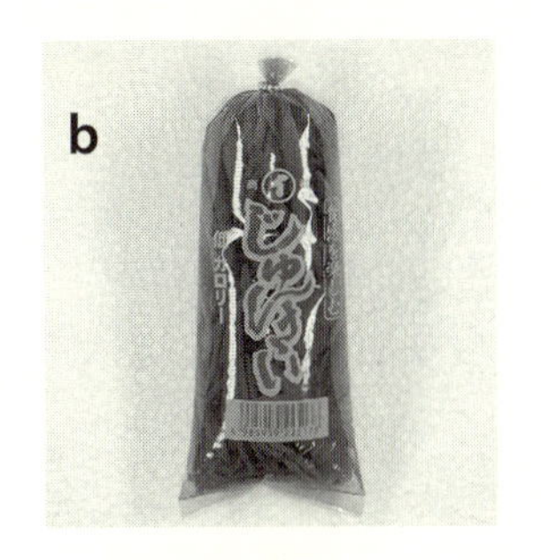

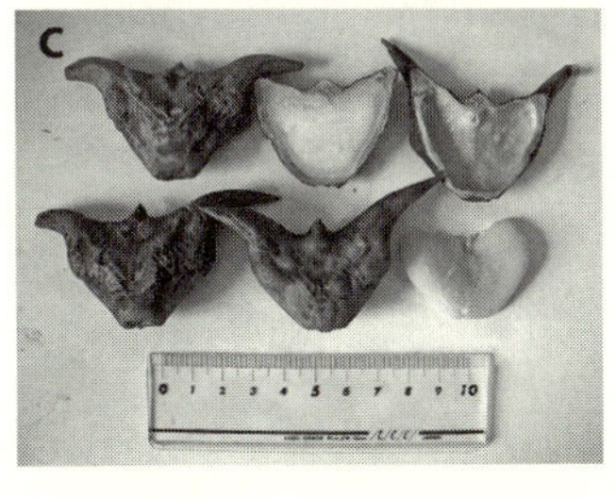

図 33-1　食用になる水草
a）中国雲南省西双版納郊外の食堂で野菜（山菜）として並べられていたミズアオイ
b）日本で売られている袋詰めにされた水煮のジュンサイ（原料は中国産）
c）中国雲南省昆明市で購入したトウビシ
右下は，縦に半分に割って中の子葉の半身を取り出したところ。

品も出回っています（**図 33–1b**）。野生のジュンサイもまた，地域によっては水質汚染によって絶滅または絶滅危惧種になっています。

ヒシも浮葉植物で，果実には硬く鋭いトゲがあり，大きさは 3〜4 cm ほどです。中の食べられる部分は子葉で，デンプンを多く含んでクリに似た風味があり，古代では重要な食料だったと考えられています。種類によって実の形は様々で，食用に栽培されるトウビシは鋭いトゲがなく，巨大です（**図 33–1c**）。

地下茎は野菜，花は観賞，実は薬になるハス

ハスは抽水植物で，水中にある肥大した地下茎が野菜のレンコン（蓮根）です。1500 年以上前に中国から渡来したと言われ，8 世紀頃には食べられていた記録があります。現在最も普通に栽培されているのは 1876（明治 9）年に導入された中国系の食用品種で，主に近畿以西で栽培されています。一方，ハ

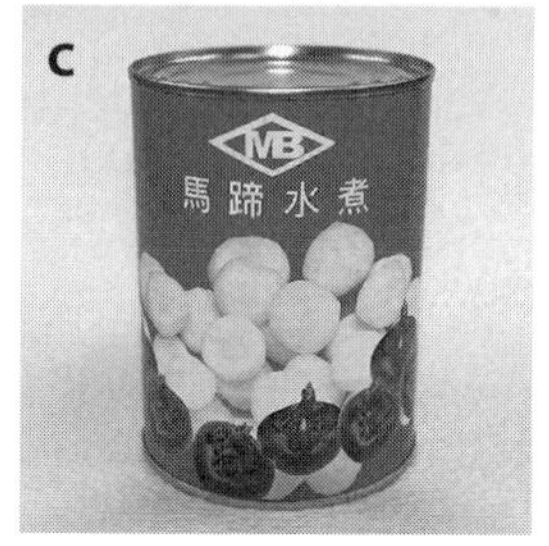

図 33-2　薬用・食用になる水草
a）市販されている生薬の蓮肉
果実から種子を取り出し，新芽をくり抜いて除去し，乾燥させたもの。
b）表面の皮を剥いて売られているクワイ（中国雲南省大理市の蔬菜市場にて）
c）中国製のオオクログワイ（馬蹄）の缶詰

スは観賞用の花蓮としても古くから栽培されており，江戸時代後期にまとめられた原色植物図鑑である『本草図譜』には，ハスだけで4冊，計79種類もの花が描かれています。ハスは花が終わると花托と呼ばれる部分だけが残り，蜂の巣状になることから古名はハチスと呼ばれていて，それがハスに訛ったと言われています。花托は一見果実のように見えますが，本物の果実は花托に埋もれてドングリのような形をしており，若いうちは緑色で柔らかく，果皮と種皮を取った子葉の部分を生で食べることができます。乾燥させた果実は蓮実，子葉は蓮肉と呼ばれる生薬で（**図 33-2a**），強壮，止瀉，鎮静などに用います。

葛飾北斎の健康食

オモダカ科のクワイ（慈姑）も中国から入ったと考えられていて，水田などに湛水して栽培されます。地下茎の先端が肥大して球形になった塊茎を食用とし（**図 33-2b**），芽が出た形状から「めでたい」と縁起を担いで正月のお節料理に使われます。クワイには炭水化物が約30％含まれ，サツマイモに比べるとタンパク質は5倍，カリウムや亜鉛も多く含まれて栄養価が高く，江戸時代後期の絵師葛飾北斎が当時としては長命の88歳まで長生きできたのは，好物のクワイを毎日食べていたからだという説もあるそうです。

中華食材で黒慈姑（クログワイ），あるいは馬蹄と呼ばれるものは，水田雑草として日本に広く分布するカヤツリグサ科クログワイとは別の種類で，中国南部や東南アジアに分布するシログワイの栽培品です。オオクログワイ，シナクログワイともいい，高さは1 mに達します。塊茎は4 cmほどになり，シャキシャキした食感があってほんのり甘く，中国では皮をむいてそのまま食べたり，炒めものや点心に使われ，日本でも缶詰を入手できます（**図 33-2c**）。

中国のユニークな食材，海菜花とマコモタケ

変わった部分を食用としている水草に，中国の海菜花（かいさいか）があります。雲南省や四川省の湖沼に生育するトチカガミ科ミズオオバコの仲間で，水底から長い花茎を伸ばして水面に白い花を咲かせます。食用とするのはこの長く伸びた花茎の部分で，生育場所の水深にもよりますが，その長さは2～3 mに達することもあります。市場では花茎を束ねてぐるぐる巻きにして売られており，この状態でよく花をつけています（**図 33-3a**）。雲南省では大理白族の民族料理に欠かせない食材で，花茎を蕾ごと5 cmくらいに切り，炒め物やスープにします（**図 33-3b**）。

図 33-3　食用となる水草

a）長い花茎を束ねてぐるぐる巻きにして売られている海菜花
この状態で白い花が多数咲いていた。中国雲南省大理市の蔬菜市場にて。

b）海菜花を豆腐や赤ピーマン，豚肉などと一緒に炒めた中国雲南省大理白族の民族料理

c）表面の皮を剥いで白い可食部だけにして売られているマコモタケ（中国雲南省大理市の蔬菜市場にて）

海菜花は薬用植物としても知られているので，もとは薬膳料理だったのかもしれません。現在は栽培方法が確立され野菜として作られていますが，野生の海菜花は水質汚染などで絶滅のおそれがあることから国家級保護植物に指定されています。

最近では日本でも栽培されているマコモタケ（真菰筍）もユニークな食材です。これは抽水植物であるイネ科のマコモに食用となる黒穂菌の一種を寄生させたもので，新芽が肥大して外見はタケノコ状になります（**図 33-3c**）。食感は柔らかいタケノコのようでクセがなく，わずかに甘味とトウモロコシに似た香りがあり，炒め物や揚げ物にして食べます。黒穂菌は植物にとっては病原菌なのですが，それによって異常生育した新芽を食用にするという発想には驚かされます。

浮　稲

私たちの主食である米は水を張った水田で作られることから，イネの分類では水稲と呼ばれます。田植えから穂が出る前の生育初期には抽水生活を送るため，広い意味ではイネも水草と言えるでしょう。このイネの仲間で，インドからベトナムにかけて雨季には川が増水して水深が増すような水田で栽培されているのが浮稲（うきいね）と呼ばれる品種群です。普通の水稲に比べると節の数が多く，生育の初期から節間が伸長するため，全長十数 m に達することがあります。浮葉植物のような生活形ですが，茎の先だけは水面に出ているので，開花・結実し，米を収穫することができます。

薬にされる水草

普通食用にはしないものの，薬として利用されている水草があります。

『古事記』の中の神話「因幡の白兎」では，皮を剥がれたウサギに大国主命が「ガマの穂を採って撒き散らし，その上に転がって花粉を付ければ癒える」と教えたと言われていますが，実際にガマやヒメガマ，コガマの穂の花粉は蒲黄（ほおう）と呼ばれる日本古来の民間薬で，止血薬として用いられています。

生薬として重要なのはオモダカ科のサジオモダカで，秋に塊茎を掘り上げ，皮を取り除いて乾燥させたものを沢瀉（たくしゃ）と呼び，利尿および止渇薬として用います（**図 33-4**）。漢方処方では，胃苓湯（いれいとう），五苓散（ごれいさん），当帰芍薬散（とうきしゃくやくさん），八味地黄丸（はちみじおうがん）などが有名です。

スイレン科のコウホネも生薬として用いられており，根茎を

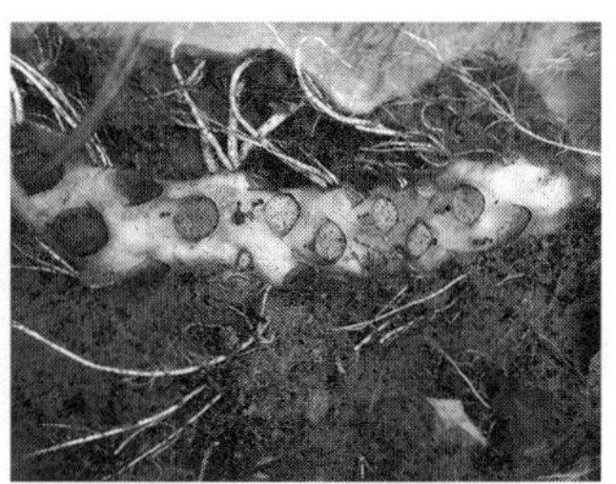

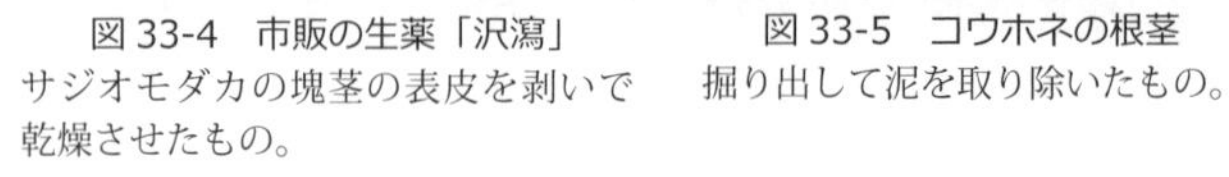

図 33-4　市販の生薬「沢瀉」
サジオモダカの塊茎の表皮を剥いで乾燥させたもの。

図 33-5　コウホネの根茎
掘り出して泥を取り除いたもの。

縦割りにして乾燥させたものを川骨（せんこつ）と呼び，血の停滞を防ぐ駆（く）瘀血（おけつ），強壮，止血などに用います。コウホネの根茎は白く，水中で背骨のように見えることから（**図 33-5**），かわほね（川骨）→こうほねになったと言われています。

その他にも，端午の節句の菖蒲湯に使うショウブ科のショウブ（芳香健胃（ほうこうけんい）・去痰（きょたん）），同じくショウブ科のセキショウ（鎮痛・鎮静・健胃）なども薬用にされています。

水草を祀る祭りがあるって本当ですか？

Question 34

Answerer 田中 法生

水草を獅子舞の髪の毛として使い，神藻（もく）として家の軒先に飾るという，世にも奇妙な，しかし勇壮で感動的な祭りがあります。筑波山の麓の集落「小田」で行われる「小田祇園祭」では，ササバモという水草が祭りの主役として活躍するのです。水草を祀る祭り……，果たしてどんな祭りなのでしょうか。

水草を祀る祭り

小田祇園祭の準備は，毎年６月に始まります。この祭りの主役である水草，ササバモを採集するのです。ちょうどこの時期には茎と葉が十分に長く成長し，しかし花はまだ咲いていないという，材料としてとても適した時期です。以前は，地元周辺の河川などで採集していましたが，最近では生育地が減ってきたために，栃木県まで採集に出かけるそうです。川に入ると，他の水草からササバモのみを選別して刈り取り，ゴミなどを取り除きながら乾燥させます（**図 34-1a**）。

このように用意したササバモは，紙垂（しで）を結びつけて，神藻となります。祭りの当日の朝から，小田大獅子保存会の方々が家々を訪問し，太鼓を叩き，お祓いをして，神藻を配ります。この神藻は，魔除けとして一年間，軒先に飾られます（**図 34-1b**）。実際に小田の家々にササバモが飾られているところを見た時には，この集落全体が水草で守られているような感じがして，水草好きを自負する筆者は，その空間にいることでなぜか高揚するような気分になったことを覚えています。そして，いよいよ午後５時から，ササバモの髪の毛をまとった大獅子が地区内を練り歩きます（**図 34-1c**）。この獅子頭は，1563（永

図 34-1　小田祇園祭
　a）ササバモの採集作業
　b）軒先に飾られたササバモの神藻
　c）ササバモの髪の毛を振り乱して歩く大獅子

禄 6）年に作られたもので，その歴史の深さに，ササバモの髪の毛が生き生きした迫力を与え，荘厳な雰囲気を醸し出しています。大獅子は，上下左右に体を動かしながら移動し，午後 8 時ごろ，東部地区から来る御輿と顔合わせをして，その高さを競い合います。この競い合いは，何度か繰り返され，午後 9 時過ぎにクライマックスを迎えて，終了となります。

　ところで，数ある水草の中で，なぜササバモが選ばれたのかは謎です。ササバモはヒルムシロ科の沈水性の水草で，東アジアを中心に分布し，関東平野でも普通に見られる種です。流れの中では，葉柄（ようへい）と葉身（ようしん）を細長く伸ばして，流れの速い水路などでも生育できるため，この小田地区を含む，利根川流域の小河川や水路などにたくさん生育していたと考えられます。また，沈水性種の中では茎が丈夫で葉も大きいのが特徴です。このように，形態的に獅子頭の髪の毛や神藻として適していて，容易に大量に手に入ることが，選ばれた理由かもしれません。実際，

図 34-2　神事「無垢塩祓い」
奉書で巻いたアマモが，白丁の手によって神輿に縛り付けられる様子。右手前で見守るのは，この神事の復活に尽力された工藤孝浩さん。（写真撮影：工藤孝浩，神奈川県水産技術センター）

その髪の毛は，ぺたっとも，ごわっともならずに，丁度良いふんわりヘアーです。もしこれが，リュウノヒゲモだったらストレートヘアーになってしまうし，クロモだったらアフロのようになってしまうでしょう。ササバモだからこそ，獅子舞にふさわしい様相となっているのです。

アマモ無垢塩祓い

小田祇園祭のような「水草を祀る祭り」は，未だに他の例を知りませんが，海草のアマモを使った神事があります。横浜市金沢区の瀬戸神社で行われる天王祭において，海草のアマモを使った神事「無垢塩祓い」が，2011 年に 80 年ぶりに復活しました[1)]（**図 34-2**）。この神事において，アマモは神輿を清める役割があったそうです。無垢は清らかさを意味し，清浄な海に繁茂するアマモがその象徴と考えられているということは，感覚的によくわかります。しかし，1930 年頃のアマモ場の消失とともに，この神事は途絶えてしまったということです。あまり知られていませんが，100 年ほど前の東京湾には，アマモの群落（アマモ場）が豊富に存在しており，横浜の周辺は，特にアマモ場が多い場所でした。アマモ場は「海のゆりかご」

と呼ばれるように，魚などの海産生物の産卵場所や幼生期の生息場所として機能しています。そのため，全国的にアマモ場の再生が行われるようになり，その中でも金沢区の野島湾は，最も成功した再生事例の１つです。そのような背景が，この神事の復活を後押しました。瀬戸神社の面する平潟湾には未だアマモ場は再生していませんが，この神事の復活が環境再生の気運を高めているようで，自然から生まれた文化が，今度は自然の再生を牽引するという，素晴らしい関係が生まれつつあります。

三重県の伊勢神宮では，参拝する前に二見興玉神社で行う無垢塩祓いで用いるものがアマモ（無垢塩草）です。アマモには神に繋がるような何かを感じさせるところがあるのかもしれませんね。

生活に利用されている水草を教えてください。

Question 35

Answerer 田中 法生

水草は，古くから日本や世界の様々な地域で生活に利用されてきました。日本人なら一度は座ったことのあるあの床材から激レアな利用法まで，厳選してご紹介します。

水草に住む

まず，私たちに最も身近なものとして，畳があります。畳表の材料は，イグサ科のイ（イグサ）という水草です（**図 35-1**）。イの茎は，円筒状で下から上までほとんど同じ太さ，しかも抽水植物特有のしなりの強さがあり，畳表を編むための材料として，とても適していると考えられます。イの仲間は北半球全域に分布しているにも関わらず，このような材料を見いだして，それを丁寧に編むという文化が日本でのみ生まれたことは，と

図 35-1　イグサ（イグサ科）

図 35-2　屋根にコアマモが葺かれた家
中国の山東省にて（写真撮影：佐藤絹枝）

図 35-3　トトラで作った島と家
ペルーのチチカカ湖にて（写真撮影：平岡ひとみ）

ても誇らしいですね。

中国の山東省威海（ウェイハイ）で，コアマモが家の屋根に使われたり（**図 35-2**），秋田県の八郎潟では，コアマモを乾燥

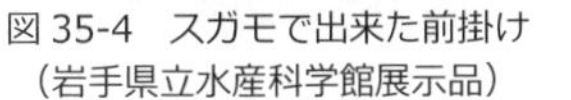

図 35-4　スガモで出来た前掛け
（岩手県立水産科学館展示品）

図 35-5　パピルス（*Cyperus papyrus*）

させて，布団や枕の中身として使っていたという例があります。そして，住まいに関しての最たる例としては，南米のペルーとボリビアの国境にあるチチカカ湖の浮島でしょう。この湖に住むウル族という人々は，湖に大量に生えるトトラ（フトイという水草の仲間）を刈り取り，乾燥させて浮島を作ります。その上にトトラで葺いた家を建て，トトラで作った舟で移動します（**図 35-3**）。トトラは食料としても利用され，食用ネズミの餌もトトラということですから，ウル族のトトラ依存度の高さは尋常ではありません。

水草を着る

東北の三陸地方では，昭和初期まで海草のスガモ（**図 35-4**）の葉を前掛けとして利用していたそうです。スガモは，波が激しく打ち当たる岩礁に生育するため，葉の内部に強い繊維が発達していて，葉がムチのように柔軟かつ丈夫です。その葉を乾燥させたものなので，耐久性は抜群でしょう。岩手県立水産科学館での展示解説によれば，「建網を起こす時など，衣服を濡らさないため，また膝を保護するため」に使い，「雨具としてミノ」も同様に作ったそうです。「土用にスガモを刈り取ってきて，湿田の泥の中に漬けておくと黒色に染まる。引き上げて干しておき乾燥してから編んで作った」とのことです。

水草に書く

古代エジプトで作られた紙の元祖である，パピルスの材料は，パピルス（*Cyperus papyrus*，カヤツリグサ科）という水草です（**図 35–5**）。現代の利用ではありませんが，あまりに有名なので取り上げました。カヤツリグサ特有の三角形の断面をした茎を薄く削いで水に漬けて並べて圧着させると紙のようになりますが，それぞれがぴったりと接着されるのは，細菌の繁殖によるということですから，実によく考えられたものです。

水草に癒やされる

瀬戸内海の沿岸地域には，つい最近までアマモを使ったサウナがありました。岩を掘った横穴や石を積んだ石風呂の中で薪を燃やし，熱くなった室内にアマモを敷き並べるそうです。その上に座ったり寝転んだりして，アマモからの蒸気に包まれることで疲労回復などに効果があるということです。一度体験したかったのですが，残念なことに，最後まで残っていた 1 か所が 2016 年に営業終了となってしまったそうです。江戸時代には瀬戸内海だけで数千か所もの石風呂があったとのことで[1)]，個人宅に風呂がまだ無い時代に，アマモが豊富な瀬戸内海だからこそ生まれた文化なのでしょう。そう言えば，端午の節句に湯船に入れるショウブ（菖蒲）も水草です。

水草で拭く

家屋，寝具，衣服，文房具，入浴ときて，最後は便所です。

秋田の八郎潟，新潟の福島潟で，水草が便所紙として利用されていたという記録があります。なんと称するべきかわからないので便所紙と書きましたが，漉いて紙状にしたものではありませんよ。ただ単に水草を乾燥させたフワッ，モサッとしたものを適当に手にとって拭いていたようです。それを記録した文献[3]には，「納屋に保管しておいたものを，……便所の隅などにおいて，用便後にその藻を適当な大きさにちぎりとり，……厚さも自分で決めて，これを使用する。1～2回では少々無理であって，2～3回使用しなければならず，量的にも多くを必要とした。」という，なんとも臨場感ある記述が残っています。実は，筆者は筑波実験植物園で2015年に開催した水草展で展示するにあたり，記録として残るクロモ，フサモ，イトモの他に，もっと適した水草があるのではないかと独自に検討してみました。言わば，研究者としての矜持です。結果的には，いずれも（紙とは比べものにならないほど）使いにくいことがわかりました。フサモなどは，ぼろぼろと崩れてしまい，もはや手でよいのではとすら思わせるものでしたが，その地域で入手できるもの，という制限の中で生まれた文化としてむしろ賞賛すべきかもしれません。

私たちの暮らしと関わりのある水草を紹介しましたが，ここで紹介しきれなかったものもありますし，筆者が知らないものもたくさんあることでしょう。
　いずれにしても，このような水草の利用には，その土地に住む人の生活様式と，その土地に生育する水草相（水草の種類）が強く関係していることを強く感じます。現在のような他国や他地域の情報や物資が容易に手に入る状況では，このような興味深い文化は生まれなかったでしょう。自然界において，生物の人為的な移動による地域固有性の崩壊が懸念される状況は，これと根源的には同じことなのかもしれません。心情的に守りたいというところもやはり同じです。

芸術と水草の関係とは？

Question 36

Answerer　田中 法生

水草が登場する芸術作品は，無数に存在することでしょう。そして，デザインや音楽にまで水草は関わっています。その中から，興味深いものをいくつかご紹介します。

絵画の中の水草

絵画に描かれた水草といえば，クロード・モネの「睡蓮」が最も有名です。200点を超える一連の作品の中には，スイレンと一緒に他の水草も描かれているものがありますが，印象派の作風ゆえ，その種を同定することは難しいです。その点において，ジョン・エヴァレット・ミレーの「オフィーリア」は，水草研究者の同定欲をそそる精密な描写がなされています（**図36-1**）。ハムレットに登場するオフィーリアが川に溺れる前の

図36-1　オフィーリア（ジョン・エヴァレット・ミレー）

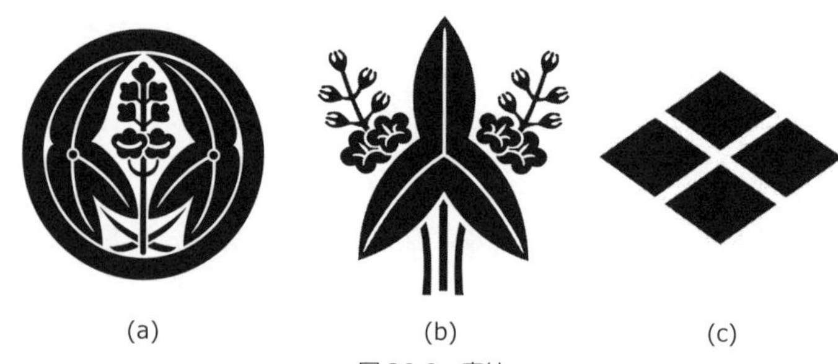

図 36-2　家紋
（a）「丸に抱沢瀉」，（b）　福島正則の家紋「福島沢瀉」
（c）　武田信玄の家紋「武田菱」

様子を描いているそうですが，その横で水面に花を咲かせるのは，バイカモの仲間（おそらく，*Ranunculus fluitans* か），足元に見えるのはヒルムシロの仲間（*Potamogeton lucens* か），水上に突き出る葉はミクリの仲間（*Sparganium erectum* か）のようです。絵画などに水草が見えるとあらを探してしまうのは研究者の悪い癖ですが，この作品は，実際に同じ場所に生育しうる水草の組み合わせとなっており，その正確さがこの作品にミステリアスな迫力を与えていると感じました。

家紋が水草

ところで，みなさんはご自分の家紋をご存じですか？　家紋は，家系を記す紋章ですが，伝統的なデザイン作品とも言えます。皇室の菊や，徳川家の葵のように，家紋の多くでは，植物が題材として使われています。そして，期待どおり，水草がモチーフの家紋も存在します。

水草を家紋に使うなんてどんな家系なのか？，と思われたかもしれませんが，実は筆者の家紋が，かの水草家紋「丸に抱沢瀉（まるにだきおもだか）」なのです（**図 36–2a**）。沢瀉（おもだか）は，水田などに生育する水草です。ちょっと自慢です。さすが，我が祖先です。

他に，戦国武将の福島正則の家紋もオモダカだそうです（**図 36-2b**）。その家紋には，オモダカ科特有の矢尻型の葉と花が描かれています。花は 5 枚の花びらが描かれていて，本物のオモダカ（3 枚の花弁）からはだいぶデフォルメされていますが，葉はとても正確に描かれています。と言うのも，オモダカにはアギナシという類似種があり，とてもよく似ているのですが，2 種の違いの 1 つが葉の上側と下側の裂片の長さの比なのです。アギナシでは下が短く，オモダカでは下が長いのですが，この家紋ではその通りになっていますね。なかなか良く出来ています。と思って我が家紋を確認すると……ちょっと正しくないですね……その分，今がんばってますから。

ヒシを用いた「菱紋」もあります。様々なバリエーションがありますが，菱を 4 つ配置した武田信玄の家紋は特に有名です（**図 36-2c**）。ただし，そもそもこの菱形は，ヒシの葉なのか果実なのかもはっきりしないようで，ヒシとは関係なく，単なる図形として考案されたという考え方もあるようです。

楽器にも

水草は楽器の材料としても利用されています。日本の伝統的な雅楽器である，篳篥（ひちりき）のリード（口をつける部分）はアシの茎で作られています（**図 36-3**）。篳篥はアジアで起源し，6 世紀頃に中国から日本へ伝わったもので，雅楽師が主に使用するのも，この篳篥です。アシは，イネ科ダンチク亜科アシ属の種で，世界中に分布していますから，材料としても入手しやすかった

図 36-3　篳篥（ひちりき）　提供：中川和也，中川沙羅葉

と考えられます。また，同じダンチク亜科のダンチクは，水草ではありませんが，クラリネットやオーボエのリードに使われていることから，この仲間の茎の組織の構造が，リードに適しているのでしょう。ところで，アシの英名はリード（Reed）です。元々，楽器のリードという名称は，アシ（またはその仲間）を使うことに由来しているのです。

ハスとスイレンの違いを教えてください。

Question 37

Answerer 川住 清貴

ハスやスイレンは古くから洋の東西を問わず多くの人々に親しまれてきました。知らない人はいないと言ってもよいぐらいメジャーな植物であり，比較的マニアックなイメージのある水草の中では異色の存在です。

日本でも寺院や公園の池で見かけることが多く夏の風物詩の1つになっています。

ところが，「ハスとスイレンの違い」についてご存知の方はそう多くはないと思います。実は，ハスとスイレンはよく似ていますが全く別の植物です。

そこで，この項では両種の形態的な特徴を比較することで，誰にでもハスとスイレンの違いを見分けられる方法を伝授したいと思います。

ハスとは

ハスはハス科ハス属の植物で，日本から中国，インドにかけてのアジアと，オーストラリア北部に分布する水草です。根と地下茎（根茎とも言う）は泥中にあり，葉が水面あるいは水面よりやや上にある，浮葉または抽水性の多年草で，花の色はピンクもしくは白色です。ちなみに地下茎は，「レンコン」として食用に利用される部分です。

ハス属にはもう一種，北アメリカ東部からコロンビアにかけて分布する黄色い花のキバナバスがあります。ハス科の植物はこの2種だけです。

かつて，ハスはスイレン科に分類されていました。花の花弁・雄しべ・雌しべが多数ある，水草である，などスイレン科

図 37-1　マカダミアの花

の植物との共通点があるためです。ところが近年になり，遺伝子解析の技術を使って植物の分類が行われるようになると，スイレンはスイレン目（もく）スイレン科スイレン属に，ハスは，ヤマモガシ目ハス科ハス属に分類されることになりました。ヤマモガシ目には他に，マカダミアナッツでおなじみのマカダミア（**図 37-1**）が属するヤマモガシ科と，街路樹によく使われるプラタナスが属するスズカケノキ科がありますが，どちらの科もほとんど樹木の種で構成されており，花の形もハスとは全く異なります。どうみても類縁関係があるとは思えません。人は外見で判断できないと言いますが，植物も同じようです。

スイレンとは

ここまでは，便宜上「スイレン」と書いてきましたが，実は「スイレン」という種は存在しません。「スイレン」とはある特定の種を指しているのではなく，スイレン目スイレン科スイレン属の植物全体を指す総称だからです。

野生種のスイレンは約40種あり，温帯〜熱帯域にかけて分布しています。代表的なものとして，温帯域では日本にも自生するヒツジグサ，熱帯域では青いスイレンとして知られるニムファエア・ギガンティアなどがあります。

また，園芸品種のスイレンには温帯域の野生種を元に作られた通称「温帯スイレン」と，熱帯域の野生種を元にした通称「熱帯スイレン」とがあり，その総数は200品種以上あると言われています。

このうち温帯スイレンは1880年頃，フランスの園芸家ラトゥール・マーリヤックによって白，黄，赤など色とりどりの園芸品種が生み出され，日本には明治後半から大正にかけて欧米から入ってきました。日本の気候でも栽培しやすいので日本各地の庭園や寺社や公園の池など植えられるようになり，多くの日本人に親しまれるようになりました。

一方，熱帯スイレンの品種改良は1920年頃からアメリカを中心に盛んに行われ，大正時代にはすでに日本に入っていたと言われています。青や紫の花色や，夜咲きの品種があるのが特徴で，非常に魅力的なスイレンではありますが，耐寒性がなく栽培がやや難しいため，すぐには普及しなかったようです。現在では，栽培方法が確立されつつあり，家庭で熱帯スイレンを楽しむ愛好家が増えています。

このように，日本人に古くから親しまれてきたスイレンですが，ひとくちにスイレンと言っても野生種と園芸品種を合わせて240種以上あることになり，これらの形態は実に多様です。この多様なスイレン各種とハスの違いを挙げるとなると膨大な量になり，現実的ではありませんし，まず覚えられません。

そこで今回は，「スイレン＝スイレン属」としたうえで，スイレン属全種に共通する形態上の特徴とハスのそれを比較することで両種の違いを識別できる方法を解説します。

この識別方法がわかれば，世界のどこでハス（もしくはキバナバス）あるいはスイレンに出会っても見分けられると思います。

ハスとスイレンは他人の空似

スイレンもハスも泥中に根があり，池の水面付近に葉を広げ，水上に花が咲くため，全体的なシルエットはそっくりです。しかし，この２つは太古の昔にスイレン目とヤマモガシ目という，全く異なるグループの植物に分かれて進化しており，よく見てみると形態的にも異なる点がいくつも見つかります。その相違点について，葉，花，根茎に着目して解説したいと思います。

まずは，葉についてです。ハスの葉は円形になっていて切れ込みはありませんが，スイレンの葉には切れ込みがあります（**図 37-2a**）。

また，ハスの葉の表面には，乳頭状突起と呼ばれる無数の小さな突起がありますが，スイレンにはそれがありません。この突起があることでハスの葉には極めて高い撥水効果［ロータス（英語でハスの意）効果と呼ばれます］があります。肉眼で乳頭状突起の有無を確認することは困難ですが，葉の表面に水をかければ一目瞭然です。ハスの葉はこんもりと丸みを帯びた水玉が出来ますが，スイレンにはそれが出来ないからです。（**図**

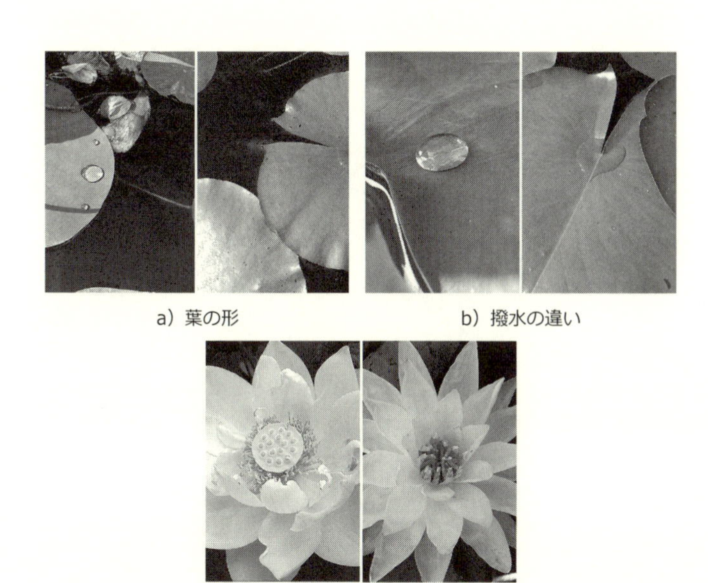
a）葉の形　　b）撥水の違い

c）花托の違い

図 37-2　ハスとスイレンの違い（左：ハス，右：スイレン）

37-2b）。

次に花ですが，花の大きな違いは，なんと言っても花托（かたく）の目立ち方です。花托とは，花びら，雄しべ，雌しべがくっついている花の基部で，スイレンは花の正面からは花托が見えませんが，ハスは花托が複数の雌しべを包むように大きく発達しており，開花すると非常に目立ちます（**図 37-2c**）。また，スイレンの花托は花が終われば水に潜って腐っていきますが，ハスの花托は花後も水面より高い位置でしばらく残ります。ちなみにこの状態が蜂の巣に似ているため，ハチス→ハスと名付けられたと言われています（**図 37-3**）。

最後に根茎です。ハスの根茎は皆さんご存知，レンコンです。「蓮根」と書きますが根ではなく，肥大した茎です。節があるのが特徴で，この節の部分から本当の根が出ます。また，断面

図 37-3　ハチス

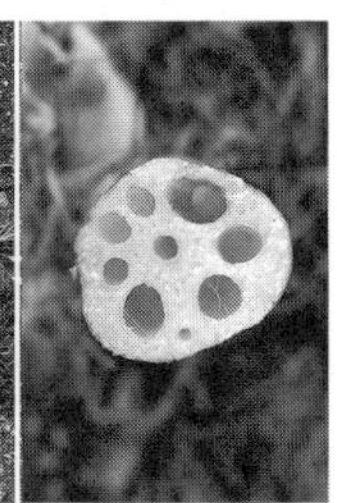

図 37-4　ハスの根茎（左）と断面（右）

図 37-5　スイレンの根茎と断面

表 37-1　ハスとスイレンの違いまとめ

	ハス	スイレン
葉	切れ込みがなく丸い形	切れ込みがある
	乳頭状突起がある（水玉が出来る）	乳頭状突起がない（水玉が出来ない）
花	花托が目立つ	花托は見えにくい
根茎	根が出る節がある	節は無くまばらに根が出る
	断面に穴がある	断面に穴がない

にはいくつもの穴があります（**図 37–4**）。

一方，スイレンの根茎には節が無く，ワサビのような長い根茎の所々から根が出ます（**図 37–5**）。そして，断面に穴はありません。

以上，ハスとスイレンの違いをまとめると（**表 37–1**）のようになります。

アヤメも水草？カキツバタ・ノハナショウブ・ショウブとはどう見分けるの？

Question 38

Answerer　川住 清貴

水草の識別方法に関する質問の中で特に多いのが，アヤメ・カキツバタ・ノハナショウブ・ショウブの違いについてです。このうち，水草（抽水植物）と言えるのはカキツバタとショウブですが陸地に生えていることもありますので，生息環境ではなく形態的な違いで識別する方法を解説したいと思います。ちなみに，ハナショウブはノハナショウブの園芸品種ですので，ほぼ同じものと考えてください。

花が咲いていればこの 4 種は簡単に見分けられますが，無ければ葉の匂いや形で見分けます。

花が咲いている場合

①　まず，ショウブですが，本種はそもそもアヤメ科とは全く関係のないショウブ科の植物です。したがって，花の形は全く異なり，アヤメ科の植物と見間違えることはありません（**図 38-1a**）。花期は 5 ～ 7 月です

②　次にアヤメですが，「アヤメ」とは綾目（または文目）のことであり，線が斜めに交わった様子や模様のことを言います。したがって，花の外花被片（ベロのような花びら）の根元に綾目模様があればそれはアヤメと覚えてください（**図 38-1b**）。花径（直径で表した花の大きさ）は 8 cm ほどで，花期は 5 月上旬～中旬です。

③　今度はカキツバタです。アヤメより 2 回りほど大きな花で，淡い青紫色をしています。外花被片の根元には白い筋の模様があるのが特徴です（**図 38-1c**）。花期は 5 ～ 6 月です。

④　最後にノハナショウブです。花の大きさは個体によってま

図 38-1　花の違い
a）ショウブ，b）アヤメ，c）カキツバタ，d）ノハナショウブ

ちまちですがアヤメより一回りほど大きく，紫色をしており，外花被片の根元には黄色い筋の模様があるのが特徴です（**図 38-1d**）。花期は６～７月です。園芸品種のハナショウブは花の大きさも色合いもバラバラですが，黄色い筋の模様はどの品種でも見られます。

葉で見分ける場合

①　まず，葉をちぎってみて爽やかな良い香りがすればショウブです。この香りを利用したのが端午の節句の菖蒲湯です。ショウブと名前が混同しやすいハナショウブは葉に香りが無いので菖蒲湯はできません。

②　香りがしなければ葉の幅と中央にある筋（中央脈）で見分けます。ただし，葉幅は植物の状態によって変化しますのであくまで目安です（**図 38-2**）。

まず，中央脈が目立っていればノハナショウブです（**図**

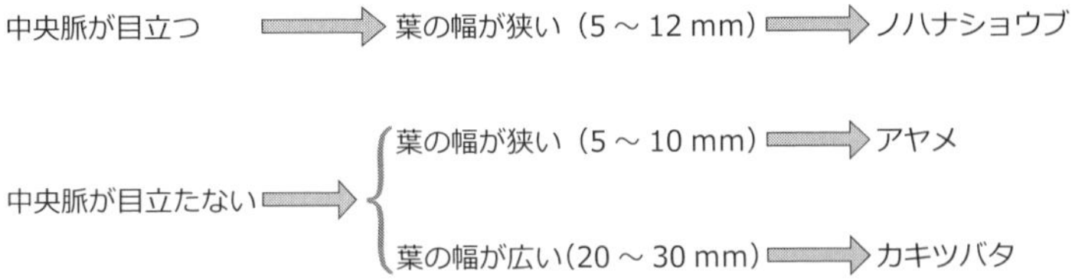

中央脈が目立つ → 葉の幅が狭い（5 ～ 12 mm）→ ノハナショウブ

中央脈が目立たない → 葉の幅が狭い（5 ～ 10 mm）→ アヤメ
中央脈が目立たない → 葉の幅が広い（20 ～ 30 mm）→ カキツバタ

図 38-2　アヤメ・ノハナショウブ・カキツバタの葉幅と中央脈

図 38-3　葉の違い
a) ノハナショウブ，b) アヤメ，c) カキツバタ

38-3a）。葉幅は 5 ～ 12mm くらいでやや細い印象です。

次に中央脈が不明瞭であれば葉幅を確認し，細ければ（5 ～ 10mm）アヤメ（**図 38-3b**），広ければ（20 ～ 30mm）カキツバタ（**図 38-3c**）です。

ミズアオイとコナギの違いも教えてください。

Question 39

Answerer 川住 清貴

ミズアオイ科のミズアオイは，環境省によって準絶滅危惧種に指定されています。そう簡単にみられる植物ではないはずですが，植物園で展示すると，来園者の方から「そこら中の田んぼにも生えてるよ。」という言葉を聞くことがあります。おそらくよく似たコナギ（ミズアオイ科）と間違えられたのだと思います。貴重な水草を展示したのですがそれがなかなか伝わらず少し残念でした。そこで，せっかくの機会ですのでミズアオイとコナギの違いについて説明します。

ミズアオイはコナギに比べて大型の植物ですので（葉身（ようしん）（ハート形の部分）の長さ：ミズアオイ 5 ～ 20cm vs コナギ 3 ～ 7cm），葉の大きさを見比べれば，ほとんどの場合識別は簡単です。しかし栄養状態や環境によっては葉の大きさがコナギと同じかより小ぶりになることもあり，そうなるとほとんど区別がつきません。したがって，葉だけを見ていてもなかなか見分けがつかないことがあります。

そこでポイントになるのが花の位置です。ミズアオイは500 円玉くらいの花を葉より高い位置につけますが，コナギは 2 cm ほどの小さい花を葉よりも低い位置につけます（**図 39–1**）。

どちらも青紫色のきれいな花が咲き，可愛らしいハート型の葉をつけるので，雑草とは言え非常に鑑賞価値が高い植物です。見かけることがあればじっくりと観察してみてください。

図 39-1　ミズアオイとコナギの花
左：栄養状態の悪いミズアオイ　右：標準的なコナギ

室内で手軽に水草を育てるにはどうしたらいい？

Question 40

Answerer　藤井 聖子

水草には様々な形や生態があるように，種によって栽培方法は多様です。近年では，日本だけでなく世界各国の美しい水草が容易に入手できる時代です。しかし，入手できる種数が増えたぶん，栽培するにあたってはそれらの多様な性質を見極める必要があります。

ご質問が「室内で手軽に」ということなので，ここでは，二酸化炭素の添加なしに水草の魅力を味わえる，初心者のかたでも楽しめる栽培方法をご提案します！

この栽培方法は水槽もいらないお手軽さです。水槽を用いて二酸化炭素に添加するアクアリウム（**図 40-1**）は素敵ですが，いろいろと器材を取り揃える必要があるなど少し敷居が高く感

図 40-1　水草アクアリウム
様々な機器を用いて栽培難易度の高い水草を維持している。
（製作：早坂　誠［有限会社エイチ・ツー］）

じられると思いますので，ここでの解説は割愛します。こちらをチャレンジしたい方は専門誌などをご参考になさってください。

なお，ここでご紹介する作り方はほんの一例ですので，いろいろアレンジして楽しんでみてください。

小さな器，ガラスの器でお手軽に育てよう！（初心者向け）

近年，グラスアクアリウムなど（**図 40-2**）が人気を博しています。道具と材料が揃っていれば 10 分とかからず完成します。難易度の高い水槽に比べると維持管理が簡単です。沈水状態の水草を入手したい場合は，アクアリウムショップや熱帯魚

図 40-2　小さな容器を使ったグラスアクアリウム

を販売しているペットショップやホームセンターを訪ねましょう。

［セッティング］

基本の作り方です（**図 40-3**）。いろいろアレンジしてみましょう。

準備するもの：

・お好みの透明容器
・ピンセット（100 円ショップでも売っています）
・用土（アクアリウム用のソイル，川砂，珪砂，富士砂など）
・水草（二酸化炭素の添加なしに育つ植物を選ぶことです。ショップ店員さんに確認すれば確実です。）

① 容器に用土を入れます（濁りが出る場合は水洗いしてから）。水草の健全な成長のため用土の深さを 3 ～ 5 cm は確保しましょう。石灰岩や海砂などは，溶出するカルシウムが水草に悪影響を与えますので使用しないでください。

土を入れて水を 1 / 3 程度入れます。

水草を植え付けます。

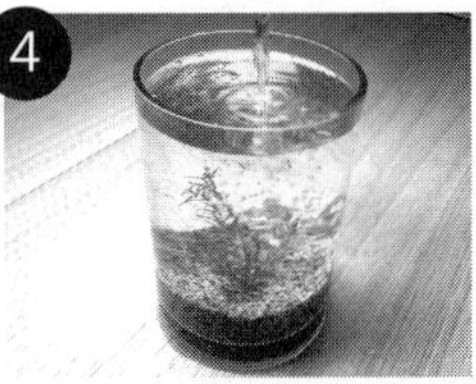

水を静かに満たします。

水上葉を楽しもう！

水陸両方に適応できる水草の特徴をいかして、水上葉を楽しんでみましょう。浅い穴の開いていない容器に土を入れ、水草を植えて容器いっぱいに水を満たしておくだけ。水が減ったら足しましょう。
花も楽しめますよ！

図 40-3　初めてでも簡単！グラスアクアリウムの作り方

② 水を容器の３分の１から半分程度入れます。このとき土が舞い上がらないように水をピンセットや割りばしに伝わせるか，キッチンペーパーを土の上に敷くなどするとよいでしょう。濁りがあれば，透明になるまで水をあふれさせます。

③ 水草をピンセットで植え付けます。ピンセットと植える水草が 45°の角度になるようにピンセットを立てて株元を優しくはさみ，垂直に用土に押し込んだらピンセットをゆっくり開いて，水草の根元に砂が入り込んだらそっと引き抜くのがコツです。どうしても浮いてきてしまう水草は，スポンジを巻き付けた小石に水草の根を添わせ，ビニタイ（結束材）などで固定します。

④ 水を容器いっぱいに満たして完成です。

※浮き草などは，容器に砂利や土を入れて水で満たし，そのままそっと入れてやれば簡単に栽培できます。葉の色が薄くなってきたら液体肥料を１滴ほど垂らしましょう。浮草の仲間は，明るい光を好みますので，直射日光が当たらない明るい窓辺か，専用にライトを設置（夜間は消灯する）するとよいでしょう。藻が生えてきたらすぐに水をあふれさせて入れ替えます。

［置き場所］

光：明るい窓辺が理想ですが直射日光はよくありません。北向きの窓辺が最良ですが，北以外の方角に置く場合はレースカーテン越しにするなどして半日陰にします。逆に1日中薄暗い室内もよくありません。西日のあたるところは，特に夏は高温になってしまうことがあるのでお勧めしません。

水温：夏場は水温を30°C以下に保てる場所にしましょう。その場合は，ライトを使って光を当てます。冬は日本産水草でない場合でも，室内であれば比較的大丈夫ですが，室内のより暖かいところに移すか，容器の下にシート状のヒーター（熱帯魚店やホームセンターで入手可能）を敷くなどして20℃以上に保温します。

［メンテナンス］

水換え：自然界では，水草をとりまく水はたいてい移動していて新鮮です。ボトルの中の水は，次第に土の中の栄養分や肥料，水草の老廃物によって富栄養化し，ガラス面や水草に藻が生えて水草の調子が悪くなりますので，水換えを行う必要があります。

3～7日に一度，容器内の水替えを行います。頻度が高いほど水草の健康状態はよくなります。水替えは容器内の水を3分の1から半分程度として，すべて抜き取らないように注意します。移動できる程度の小さな容器の場合は，直接蛇口の下へ持っていき，少しずつ水道水を注いで容器の水をあふれさせ，新しい水と入れ換えます。移動できない器の場合は，小さな容器で少しずつ古い水をくみ出し，水道水を戻しましょう。魚やエビを入れる場合は，水換えの頻度をあげ，水道水は塩素を中和してから注ぐようにしましょう。ただし，小さな器で魚やエビを飼育することはおすすめしません。入れる場合はできるだけ大きめの容器を選び，数は少なくしましょう。

施肥：施肥量とタイミングは，器内の水量や，植栽する水草の種類や量によって全く異なってきます。水草を植栽してから1週間後，液体肥料の原液をスポイト等で1滴垂らして，2・3日様子をみましょう。その後，水草がいきいきとしてきたら1週間に1回の頻度で施肥を続けましょう。水草の様子をみながら，添加量の増減を試してみてください。

藻類の発生が目立つようであれば新しい水をあふれさせて換水します。

トリミング：有茎草（アクアリウム用語で，見た目にはっきりとした茎があり，上方に伸長または這うように生長する水草全てを指します。強光を好み，生長スピードが速い特徴があります。）が茂りだすと，次第に上がこんもり，下がスカスカになる現象が起きてしまいます。それを防ぐために，有茎草が水面近くまで伸びてきたら，2分の1以上にカットします（石や流木を入れているなら，その高さに合わせてカットするのもよいでしょう）。

カット後は，切り口に近い節から新芽を複数展開し，ボリュームがでてきます。再度水面に達しそうになったらカットしますが，4～5回繰り返すと元気がなくなってきます。この場合は有茎草を引き抜き，弱った下部をカットし，元気な上部を再度植え付ける「差し戻し」を行いますが，引き抜くことで土が舞い上がって派手に汚れるので，グラスアクアリウムをリセットさせるほうがよい場合もあります。
　ロゼット状水草（茎が地際または地中にあって，見た目に茎がわかりにくく，1点から放射状に葉を展開する水草）は，枯れた葉や混みすぎた葉を1枚1枚根元からカットしましょう。

屋外で水草を楽しむにはどうしたらいい？

Question 41

Answerer　藤井 聖子

もちろん，屋外でも水草を育てて楽しむことができます。水草はいにしえの時代から世界各地で人々を魅了してきたようで，屋外での栽培は古くから行われてきました。古代エジプトでは，スイレンの仲間は太陽と関係する神秘的な花として神聖視され，昼咲きで青花のニムファエア・カエルレア（*Nymphaea caerulea*, **図 41-1**）や夜咲きで白花のニムファエア・ロトゥス（*Nymphaea lotus*）は実際に壁画や美術品に描かれた種とされ，ラムセス 2 世（紀元前 13 世紀）の墓からは，青と白のスイレンの花片が発見されています。我が国でも古くからハス，カキツバタなど花の観賞価値が高い水草が愛でられてきました。

四季を感じるウォーターガーデニング

屋外で栽培すると，水草たちはすくすく旺盛に育ち，水槽やグラスアクアリウムでは見ることのできない花を咲かせて私たちを楽しませてくれます。強光を必要とするスイレンの仲間な

図 41-1　ニムファエア・カエルレア
カエルレアとはラテン語で「空色」のことで，その名のとおり，澄み渡るような美しい空色の花が特徴。

図 41-2　水鉢で楽しむ
水鉢はスイレンの仲間やハス以外にも上から見て美しい沈水植物を楽しむこともできる。

図 41-3　国立科学博物館筑波実験植物園にある池
庭に防水シートを仕込むのが難しければ市販のコイ用人工池を埋めてもOK。

どの浮葉植物，抽水植物から沈水植物まで，お好みにあわせて組み合わせて楽しむことができます。近年では，5 月頃からホームセンターなどでは水草コーナーが設けられますので，植えこむ水草は簡単に入手できます。

お家に日当たりのいい庭がある場合は，池（**図 41-3**）での栽培がオススメです。本格的な防水セメントを使わずとも，最近では池作り専用の防水シートなどが販売されているので，庭に穴を掘ってシートを仕込んだり，市販のコイ用人工池を埋め込んで，底に土を入れて簡単に池を作成することができます。スイレンの仲間を楽しむなら水深は 20 ～ 30cm は欲しいですが，10cm 程度あれば様々な抽水植物が楽しめます。

ただし，簡単とは言え，大がかりになるうえ，家の人の目もあるでしょうから，ここでは簡単で省スペースで楽しめる水鉢（**図 41-2**）での楽しみ方を解説します。

水鉢で楽しむ

［セッティング］

用意するもの：

・水鉢や発砲スチロールなど，水をためられるもの。ただし直射日光下に置くので耐久性がないものは使用しないようにしましょう。

・用土（田土や黒土，赤玉土など。ケト土などの腐植質を肥料として埋めこむと良い）

・水草

① まずは水鉢を置く場所を決めます。セッティング後の移動は容易でなくなるうえ，もし持てたとしても水の重みで鉢底に穴があくこともあるので，一度設置したら解体するまで動かさないようにしましょう。

原則として日当たりのよい，日照時間が半日以上確保できる場所を選びます。

② 用意した容器に浅く土を入れます。大きな容器の場合は，植物ごとに鉢植えに植えて容器内に設置すると，植替えなどの管理が楽になり，レイアウトの変更も容易になります。

③ 浅く敷いた土の上に水草を仮置きしてみて，レイアウトを確認します。

④ ポットから水草を取り出して，傷んでいる葉をおとします。

⑤ 水草を設置して，根鉢の高さまで用土を足します。背が低い，マット状の水草を植える場合は用土を充填した後に植えます。

⑥　植栽が終ったら，水を入れます。土がえぐれないよう，水を手などで受けるようにしましょう。初めは水が濁りますが，徐々に透明度が増していきます。何日たっても濁りがとれない場合は水をつぎたし，あふれさせて入れ換えしましょう。

［メンテナンス］

水換え：水鉢は基本的に必要ありませんが，降雨が少ない時や乾燥が激しい時は水を足しましょう。そうでない時でも，時々水をあふれさせて水換えを行うと水草の調子がよくなります。

肥料：ハスやスイレンの仲間など，大きな花を咲かせるものには肥料を入れたほうが花付きや発色がよくなります。固形肥料や油粕などを土中に埋めて与えますが，やりすぎは藻や苔の発生原因となりますので様子をみながらにしましょう。水生植物専用の緩効性肥料を使うのもおすすめです。

病害虫について：グラスアクアリウムと違い，アブラムシやヨトウムシ，ミズメイガ，オンブバッタなどの害虫に葉を食害されることがあります。特に梅雨明けから夏にかけて被害が多発しますのでよく観察するようにしましょう。芋虫やバッタは手で取るのがよいでしょう。予防として土中に粒剤の農薬などを入れたりしてもかまいませんが，農薬のラベルをよく読んで施用するようにしましょう。ボウフラの発生が気になるかたは，メダカの仲間などを少し入れておくと解決します。間違っても特定外来種のカダヤシなどは入れないでくださいね。

［その他に気を付けたいこと］

ほとんどの水生植物は弱酸性を好むため基本的に多くの地域において水道水による栽培で問題ありません。水生植物がいじけてよく育たない場合は，水の pH や硬度が高い可能性が考えられます。特にコンクリート製の容器を使用する場合，しっかりとあく抜きができていなければ水が強アルカリとなるため注意が必要です。用土も水質をアルカリにするような石灰分を含むものや海砂の使用は避けましょう。

一部の水生シダ類やサトイモ科をのぞいて，水草は基本的に陽光を好みます。薄暗い日陰では貧弱になってやがて枯死しますので，様子をみながら最適な置き場所を探してあげましょう。

育てるのが簡単な水草を教えてください。

Question 42

Answerer　田中 法生

育てるのが簡単な水草もあれば，とても難しい水草もあります。それは，それぞれの水草が自然の中でどのような環境に生育しているのかを考えみればわかります。例えば，冷たく澄んだ湧水が流れてくるような環境に生育している水草を，炎天下においた水鉢に浮かべておいても上手く育ちません。水草を育てるには，本来の生育環境に近い状態にする必要があるのです。

この基本を押さえたうえで，栽培の簡単な水草を紹介します。

表 42-1　簡単に栽培できる水草

日本の野生種

クロモ（トチカガミ科）	冬は越冬芽になって水底に沈み，春にまた出る。
コウホネ（スイレン科）	腐植質や肥料をたっぷりと。時々植え替えを。
ホザキノフサモ（アリノトウグサ科）	成長が速いので，時々短く切る。
ササバモ（ヒルムシロ科）	砂と土をまぜて植える。
ウキクサの仲間（サトイモ科）	水槽の下に土を入れると安定する。

アクアリウムで使われる水草

ハイグロフィラ・ポリスペルマ（キツネノマゴ科）	葉色が薄くなったら，液体肥料を。
ロタラ・ロトンジフォリア（ミソハギ科）	成長が速い。カットした茎も植えて増やそう。
アマゾンソードプラント（オモダカ科）	土に埋めこむ肥料が効果的。植替えは避けて。
アヌビアス・ナナ→**図 42-1**（サトイモ科）	石などに巻き付ける。光の弱い場所で生育できる。
ミクロソラム・プテロプス（ミツデヘラシダ）（ウラボシ科）	流木に巻きつけて育てる。子株が出たら摘む。

※情報提供：早坂誠（有限会社 エイチ・ツー）

図 42-1　アヌビアス・ナナ

これらの種類は，生育環境が日本のふつうの水や気候とほぼ同じであるか，生育環境の許容範囲が広いと考えられます。日本の野生種から 5 種類，アクアリウムで使われるものから 5 種類を厳選しました（**表 42-1**）。日本の水道水やふつうの井戸水を用いて，野生種なら，関東あたりの気候で庭やベランダに水槽を置いても簡単には枯れない種類，アクアリウム水草なら，水温を 25 ℃以上に保つなど，最低限の管理（**Q40**，**Q41 参照**）を行えば誰でも栽培できる種類を選びました。とは言え，水温が 40℃を超えたり，15℃を下回ったり（日本の種類は凍っても大丈夫です。**Q7 参照**），金魚と一緒に入れたり（金魚は水草を食べます！），土や砂利を入れなかったりすれば，さすがに枯れますので，ご注意ください。

育てるのが難しい水草を教えてください。

Question 43

Answerer 田中 法生

Q42で紹介した「育てるのが簡単な水草」とは逆に，栽培が難しい水草とは，ある特殊な環境だけに生育するために，ふつうの栽培環境では生きられず，その「特殊な環境」を再現することも難しいというものになります。

それならば，栽培が簡単な水草だけを栽培すればよいのでは？，と思われるかもしれません。もちろん，綺麗なアクアリウムを作ったり，趣味として楽しむ範囲ならばそれでよいのですが，植物園で水草を栽培することには，また別の重要な理由があるため，そうもいかないのです。

水草の栽培保全

世界的に多くの水草が絶滅の危機に瀕しており，日本では約43％の水草が絶滅危惧種または準絶滅危惧種（以降，絶滅危惧種とする）に指定されるほど，深刻な状況です（Q24 参照）。そのため，国内外で様々な保全が行われていますが，植物園としては特に生息域外保全（生育地とは別の施設で行う飼育・栽培保全）に力を入れて取り組んでいます。

その中で，栽培保全の必要性が高い種は，絶滅危惧種などの希少種ということになりますが，絶滅危惧種には特殊な環境に生育するものも多いため，必然的に栽培が難しいものが多くなります。そのため，栽培が難しいからといって，栽培をしないわけにはいかないのです。

そこで誕生したのが，本書の執筆グループでもある，水草保全ネットワークです。このネットワークについては巻末に紹介させて頂いていますので，ここでは，水草保全ネットワークが取り組んでいる栽培困難水草の栽培方法開発プロジェクトを紹介します[1)]。

栽培困難水草

栽培が難しい水草には主に３つのグループがあります。海の中に生育する海草，水温が低い湧き水に生育する湧水性沈水種，亜熱帯から熱帯の急流域の岩上に生育するカワゴケソウ科です。私たちはこれを「三大栽培困難水草」と呼んでいます。この３つのグループの生育環境は，水草全体から見れば，特殊な水域であり，このような特殊な環境は他に代わる場所がないことから，環境の変化などに弱いという側面を持っています。そのため絶滅の危機にさらされる危険性も高く，環境省レッドリストでは，海草では日本に分布する 15 種のうち 12 種が，湧水性沈水種では 15 種以上が，カワゴケソウ科では６種全てが絶滅危惧種となっています。

つまり，特殊な生育環境が，絶滅の危機と，栽培の難しさの両方に影響して，ますます問題が大きくなっているのです。

清流のバイカモをいかに育てるか

私たちが最初に取り組んだのは，湧水性沈水種の代表種とも言えるバイカモ（梅花藻）です（**図 43-1a**）。バイカモは，清流と呼ばれるような低水温の湧水域にだけ生育します。茎と葉は水中にたなびき，水上に白い可憐な花を咲かせるため，バイカモの自生地は観光スポットになるほど人気があります。そのため，植物園としては，保全のみならず，お客さんに見て楽しんで頂きたくて栽培に挑戦するもののなかなか上手く育たない，というのがこのバイカモだったのです。

栽培に挑戦するにあたり，あらためてバイカモの自生地環境を調査したところ，根を張る川底は砂～砂利にときどき泥が混じるような場所，水は20℃以下が多く，流れが強いこともこれまで言われていたことと同様でした。そして，最も大きな要因と考えられたのは，水中に溶け込んでいる二酸化炭素の量です（**Q4参照**）。通常の河川や湖沼の水では，その濃度はせいぜい数mg/Lといったレベルですが，バイカモが生育する場所は，湧水に由来するために10mg/ L前後の高い二酸化炭素濃度を示しました。そこで，水槽の底に砂を敷き，水温を20℃に設定し，強い水流を起こし，二酸化炭素を添加できる水槽を用意して，栽培を開始しました（**図43-1b**）。

その結果，長期間維持できるようになったうえ，綺麗な葉を水中に伸ばして成長し，花を咲かせるまでに栽培できるようになりました。一部では栽培不可能とすら言われていた状況からすれば，飛躍的な進歩です。正直，「実際にやってみるとたいして難しくないなあ」，などと有頂天になっていました。ところがです，その先が難しい……。成長して，花が咲いた後に，急激に調子が悪くなってしまいます。おそらく，成長と開花に使った栄養を上手く補給できていないのだと思われるのですが，養分補給のための肥料の種類や量，葉に付着して成長を阻害する藻類の除去，などの適した方法が未だ見つからないのです。

そこで2016年から，筑波実験植物園から新潟県立植物園に拠点を移して，「その先」に挑戦しています。新潟県下水道課

図 43-1　バイカモの栽培
a）自然下での様子（筑波実験植物園）
b）水槽での栽培
c）新潟県の下水処理場のエネルギーを利用した栽培施設

と国立大学法人 長岡技術科学大学が共同で開発を行っている，下水処理場で発生する資源やエネルギーを利用した栽培実験施設を利用して，さらに様々な栽培条件を明らかにしていこうとしています（**図 43-1c**）。実はこの施設，下水処理の過程でバクテリアから発生する二酸化炭素が使い放題なのです。（そこでバイカモ栽培への応用を思いついた久原泰雅さんもすごいです。）この実験施設を利用することで，バイカモの栽培が“完全に”可能になれば，さらに他の湧水性水草へも展開したいと考えています。

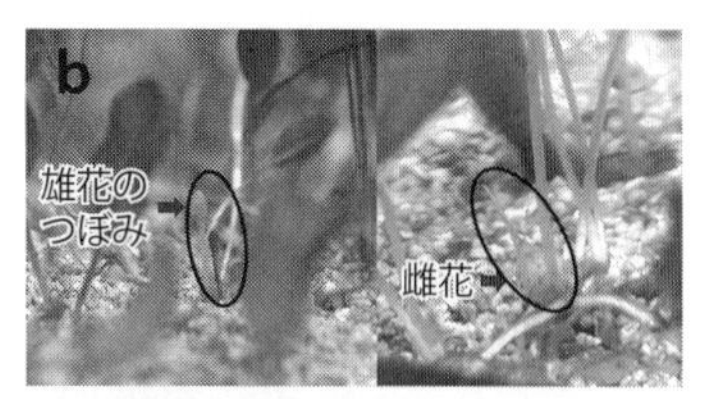

図 43-2　安定した栽培が可能となった海草の水槽
a）熱帯海草，b）開花したウミヒルモ，c）アマモ

海　草

海草（Q18 参照）は，湧水性水草よりもさらに栽培例の少ない水草です。そもそも海水ですから，植物園などにとってはハードルが高くなります。実際に，日本のみならず世界の植物園を見回しても，海草の栽培を行っているところはごく僅かです。

そのため，栽培方法に関するテキストのようなものが存在しません。筆者が 15 年ほど前に挑戦した時は，数ヶ月は可能だったものの，その後は衰退の一途でした。そこで，2013 年の再挑戦の際には，底に敷く砂から，その厚さ，光，人工海水と天然海水の違い，同居させる動物の種類などを一から検討し直しました。しかも，海草といっても生育環境は多様ですので，熱帯性種，温帯性種それぞれについて水槽を設置して，栽培条件を試験しました。

熱帯性種のウミヒルモ，ウミジグサ，マツバウミジグサ，リュウキュウスガモ，ベニアマモ，リュウキュウアマモ，ボウアマモ，ウミショウブに関しては，底床にはサンゴ砂の細粒を用い，水槽を設置してからは底床を交換せずに長期間（1 年以上）維持することで海草の生育が良好となることや，ヤドカリ類，マガキガイ，その他の巻き貝類を入れることで，葉の上や，水槽のガラス面，サンゴ砂上の藻類を捕食させることができること，固形肥料を生育の状態に合わせて底床に埋め込むことが効果があることなどがわかりました。これにより，上記の全ての熱帯性種で 2 年以上の長期栽培が可能となり（**図 43–2a**），ウミヒルモ，ボウアマモは開花・結実するなど生育状態も良好です（**図 43–2b**）。

アマモなどの温帯性種に関しては，海砂と泥が混じった底床を使い，設置後の養生期間が必要であること，藻類を捕食する生物（アマモ群落に生息するヤドカリ，葉上性の巻き貝，ボラの稚魚など）が必要であることは熱帯性種と同様で，さらに砂中にはケト土が肥料として効果的であることなどがわかりました（**図 43–2c**）。温帯性種は海草の中では栽培が容易ですが，タチアマモなどの大型種こそ，日本近海の固有種で絶滅危惧種なので，今後の課題と言えるでしょう。

図 43-3　カワゴロモ（カワゴケソウ科）の栽培

激流をいかに再現するか―カワゴケソウ科

最後はカワゴケソウ科です。これは，三大栽培困難水草の中でも最難関と言ってよく，世界的にも栽培例はほぼ皆無と思われます。国内のカワゴケソウ科 2 属 6 種に関しては種子の発芽の報告例はありませんが，大阪市立大学理学部附属植物園において外国産の種子を発芽させ，幼植物からの栽培を試みています。**図 43-3** は，2011 年に筑波実験植物園で栽培を試験した様子ですが，半年ほどは枯れずに生きているのですが，成長がみられず，栽培ができているとは言い難い状態でした。今後は，様々な条件を試験しながら外国産の幼植物の栽培を試み，条件が確立した後に国内のカワゴケソウ科植物にも挑戦していく予定です。

栽培方法は自生地から学ぶ

以上のような試験を行った感想としては，栽培困難水草と考えられていた種類でも，全く何もできないということはなく，挑戦すれば必ず進展があるということです。

実は，バイカモにしても，海草にしても，一般の方の中で栽培に取り組み，ある程度安定して栽培ができている方もおられます。一方，栽培が簡単と言われる水草にしても，全く異なる水質の国では栽培困難となる可能性があります。

栽培方法が未だわかっていないものに挑戦するときには，その水草の生育地の環境を水槽内で再現することが大切だということをぜひ知ってください。その試行錯誤は，その水草をより深く知ることになるわけで，むしろ究極の水草栽培趣味とも言えます。「栽培に行き詰まったら自生地を見る」がおすすめです。

ビオトープとはどういうものですか？

Question 44

Answerer 川住 清貴

ビオトープ（biotop）とは，ギリシャ語の「bios（生命）」と，「topos（場所）」を組み合わせたドイツ語で，「野生生物が暮らす場所」を意味し，大小問わず自然界のいたるところに存在します。

例えば，水辺に限らず，草原，石垣，森林など，その環境は実に多様であり，様々な野生生物が暮らしながら，その土地本来の生態系が成り立つひとまとまりの空間を形成しています。

したがってビオトープを作るということは，野生生物がくらす環境を生態系まるごと生み出すことであり，最終的には自然環境の保全に繋がることを目標とします。そこで，ここではビオトープが環境保全に果たす役割を知っていただきたいと思います。

ビオトープは環境保全の指標

ビオトープには大きく分けて２つの役割があります。１つめは自然環境を区分けして保全をするための指標を示すこと，２つめは各ビオトープが連携して生物多様性を確保することです。

まず，環境保全の指標となるビオトープについて説明します。

ビオトープという言葉は，1908 年に動物地理学者のフリードリヒ・ダール（Friedrich Dahl ）によって作られました。作られた当初は動物の分布を把握するための学術用語でしたが，次第に環境保全の分野でも注目される言葉となっていきます。

1970 年代以降，環境破壊が進むドイツでは，連邦自然保護局が中心となって，自然環境を保全し，野生生物を守るという政策が行われますが，自然環境の保全を行うにはどこにどのような環境があるのかを確認し，その状況を把握したうえで保全方法を検討しなければいけません。そこで活用されたのがビオトープという概念でした。

ビオトープは「本来その地域にすむ野生生物によって生態系が成り立つ，ひとまとまりの空間」です。“ひとまとまりの空間”は一種の枠組みであり，このビオトープという枠組みを使えば自然環境をある程度区分できることになります。そして区分した各環境に対して，現状維持でいくべきなのか，復元すべきなのか，新たに作りあげるべきなのか，といった適材適所の保全対応が行えるというわけです。

例えば，「ここのビオトープは原生林だから人の手を入れるべきではない，そのまま残して保存すべきだ」とか「ここには生態系が豊かな湿地があったが，今はもう無い。湿地のビオトープをもう一度蘇らせよう」といった対応です。

このようにしてビオトープは環境保全の指標として大きな役割を持つようになりました。これが1つめの役割です。

ビオトープは繋がりが大切

次に，ビオトープの連携（ビオトープネットワーク）についてです。

ビオトープごとに区分けされた自然環境は各自固有の生態系はありますが，それぞれ孤立しているわけではありません。隣接するビオトープとは林，水路，生垣などを通して繋がりを持っています。この繋がりをビオトープネットワークと言い，このネットワークを使って野生生物が自由にビオトープ間を往来し，繁殖相手を見つけたり，新しい生息地を見つけたりすることができます。

つまり，各自固有の生態系を持つ個々のビオトープ間をネットワークが繋ぐことによって，生物の種の多様性（昆虫・魚・植物などいろいろな種類の生き物がいること）や遺伝的多様性（同じ種の生物でも形や生態などに多様な個性があること）を維持できることになります。各ビオトープが連携することで生物の多様性を確保する。これが２つめの役割です。

ちなみに，遺伝的多様性が大切なのは，簡単に言えばその種が環境の変化や病気などが要因となって壊滅することを防ぐためです。

例えば人間はすべてホモ・サピエンスという種です。ある人は暑さに強かったり，ある人は風邪をひきにくかったりしますが，このような個性があることで，気候の変動や，流行り病によって人類は容易に滅亡しません。それは，一人ひとり遺伝子が異なるからです。これが遺伝的多様性が大切な理由です。

ビオトープってどうやって作ればいいの？

Question 45

Answerer　川住 清貴

理想的なビオトープの作り方

環境保全に繋がるビオトープはどのようにして作るのか。大まかな流れとしては，①ビオトープを作る地域の調査，②ビオトープに入れる，あるいは呼び込む生物の情報収集と選択，③経過観察，④維持管理となります。以下，水草のある水辺のビオトープ作りを１つの例として解説したいと思います。

①　ビオトープづくりの目的はその地域にすむ野生生物の生活空間を作りだすことです。そこで，まずはこれから作るビオトープの周辺はどういう環境で，どんな生物が生息しているのか把握する必要があります。例えば水辺環境であれば「あの辺に確か小川があったな，いったいどんな水草が生えているのだろう？　一緒にどんな生き物が棲んでいるのかな？」という具合に，実際に現地を見て調査をします。

②　次にビオトープで生活する生き物を選びます。

ここで大切なのは外来種や園芸種はなるべく持ち込まないということです。ビオトープはその地域の野生生物が生息する場であって，そうではない生き物は例え観賞価値が高くても好ましいとは言えません。そして，一度ビオトープに入れた生き物は，例え在来種でも人の手で外へ放流しないでください。飼育していたメダカやホタルなどを放流することで各地域固有の遺伝子を乱すことが問題となっています。絶対にやめてください。

また，水草を植え付けるときは，どの種類を植えればどの生き物がやってくるのかということをイメージして水草を選ぶと，ネットワークがうまく機能するビオトープを作ることができます。例えば，一部の水生昆虫やトンボなどは産卵場所として水草を利用することがあるので，やってきてほしい昆虫に適した水草を選ぶというのも 1 つの方法です（一例：アオイトトンボはオモダカなどの抽水植物を好みます）。

いずれにしても，ビオトープに取り入れる生き物についてよく調べる必要があります。最寄りの図書館や自然博物館，あるいはインターネットなどを使って情報収集してみてください。

③ 経過観察では，生き物の成長具合を見たり，どんな生き物が定着しているのか確認します。

例えば，水草の栽培用土が天然の土である場合，土の中に眠っていた埋土種子（シードバンクと言います）が目覚めることで貴重な水草が発芽する場合があります。

実際，千葉県の手賀沼ではこのシードバンクを利用して一時は絶滅したと考えられていたガシャモクという水草を復活させることに成功しました（Q32 参照）。もし，貴重な水草が出てきたら，大切に見守ってあげてください。

④ 維持管理は，基本的に自然任せです。ただし，アオミドロがはびこっていては水草の生育に悪影響が出ますし，セイタカアワダチソウなどの外来種がやってきて生えてくることもあるのでこれらはできる限り取り除きます。

ビオトープ作りに大切なことは外来種をなるべく持ち込まない・持ち出さない，在来種であっても同じく持ち出さないという原則です。この原則を守ったうえでビオトープを作れば，誰でもその地域の野生の生き物が集まる「理想的なビオトープ」が出来上がると思います。

即席田んぼビオトープ

ビオトープ作りの実例として，非常にシンプルな，その名も「即席田んぼビオトープ」をご紹介したいと思います。

田んぼは日本全土に広がっており，多くの日本人にとって最も身近な水辺環境です。また，沈水植物から抽水植物，浮遊植物，浮葉植物など様々な種類の水草が生えている，水草のホットスポットであり，多くの生き物を観察できる水辺のビオトープの代表とも言えます。したがって，田んぼは，前節の「①ビオトープを作る地域の調査，②ビオトープに入れる，あるいは呼び込む生物の情報収集と選択」という作業が行いやすく，ビオトープ作りのお手本として最適です。そこで，これを模したものを作ろうというのが「即席田んぼビオトープ」です。ただし，イネは植えません。イネを植えるとどうしてもお米がとりたくなってイネ中心のビオトープになってしまうからです。

作り方は，まず，水のたまる容器（水深が 15 ～ 20cm くらいになるもの）を準備します。スイレン鉢でもよいですが，トロ舟と呼ばれるセメントを練るコンテナは，丈夫なうえサイズも自由に選べるので使い勝手がよいです。

そこへ，田んぼの土を厚さ 5 cm ほど入れるのですが，この

図 45-1　即席田んぼビオトープ
a）落ちている田土
b）セット時
c）セット後 2 週間経過

とき入れる土はなるべく身近な田んぼから採取したものが良いです。ビオトープを作る際にはその地域の生き物を取り入れる必要があるからです。しかし，ご近所に知り合いの農家の方がいない限り，容易ではないと思います。そこで，落穂拾いならぬ“落土拾い”で土を入手します。

田植えの後（5 月頃）と稲刈り後（9 月後半頃）はトラクターやコンバインのタイヤについた土が道路に落ちていることがあります。ある程度は農家の方が処分されるのですが，それでもいくらかこぼれ落ちていることがあり，それを一部拝借するわけです（**図 45–1a**）。もちろん，農作業の邪魔をしてはいけません。量が少ない場合はこれに赤玉土を混ぜて，かさ増しします。後は，水道水をためればセット完了です（**図 45–1b**）。

田んぼの土には様々な水草の種子や塊茎などが含まれているため，2 週間もすれば色々な水草が生えてきます（**図 45–1c**）。なかには埋土種子として長い間眠っていた希少種が出てくることもあります。ただし，9 月後半頃に土を入れた場合は，あま

図 45-2　発生した水田雑草
a）ヒメミソハギ，b）ミゾハコベ，c）アメリカキカシグサ
d）ホシクサ，e）アブノメ，f）シソクサ

り水草が発芽しないため来年以降のお楽しみとなります。後は，経過観察をして外来種やアオミドロの除草を行うだけです。

今回設置した即席田んぼビオトープには富山市内の水田土壌を使用し，ミゾハコベ，ヒメミソハギなど比較的目にすることがある種から，外来種であるアメリカキカシグサ，あるいはホシクサ，アブノメ，シソクサなど珍しい水田雑草まで発生しました（**図 45-2**）。さらに，小さなゲンゴロウの一種やイトトンボの仲間も飛来し，小さいながらも理想的なビオトープが出来ました。

以上が，小さな田んぼを再現した即席田んぼビオトープの作り方です。作り方は非常に簡単ですが，身近な水辺の自然について学ぶ良いきっかけ作りにもなります。知っているようで意外と知らない水田の生態系を再現した即席田んぼビオトープ，機会があれば一度作ってみてください。

水草の絶景ポイントを教えてください。

Question 46

Answerer　田中 法生

世界中に無数にある水草生育地の中で，絶景と呼べる場所をお教えします。水草が好きな方はもちろん，野生の水草を見たことがない方でもきっと感動できる場所を厳選して紹介しています（**図 46-1**）。巻頭カラー口絵に一部写真も掲載しています。併せて，ご参照ください。

湧水系

①千歳川（北海道）

<主に見られる水草>チトセバイカモ

<見どころ>流域の浅い清流に北海道固有種をみることができます。

②安曇野(あずみの)湧水群（長野県安曇野市）

<主に見られる水草>バイカモ，ミズハコベ，ミクリ属，ヤナギタデ

<見どころ>水草の量と，薄緑～深緑～赤に至るコントラストが美しい。地域一帯に湧水があるので，水草めぐり散策にも最適です。

③明神池(みょうじんいけ)（長野県松本市上高地）

<主に見られる水草>イチョウバイカモ

<見どころ>常に伏流水が湧き出ているため，冬でも全面凍結せず，透明感あふれる水面です。

④忍野八海(おしのはっかい)（山梨県南都留郡忍野村）

<主に見られる水草>バイカモ，ナガエミクリ

<見どころ>圧倒的な透明感。富士山の伏流水に水源を発する代表的な八つの池で構成されています。

⑤湧玉池(わくたまいけ)（静岡県富士宮市）

<主に見られる水草>バイカモ

<見どころ>池から流れる神田川も美しい。「平成の名水百選」にも選ばれています。

⑥柿田川湧水群（静岡県駿東郡清水町）

<主に見られる水草>ミシマバイカモ，ナガエミクリ，ヒンジモ

<見どころ>豊富な水量をもつ広い川に水草のコントラストが美しい。

⑦東播磨ため池群（兵庫県東播磨地域【明石市・加古川市・高砂市・稲美町・播磨町】）

<主に見られる水草>オニバス，アサザ，ガガブタ

<見どころ>明石川から加古川に至る印南野台地に，県内最大の大きさ，県内最古などバラエティに富んだ約600ものため池が群落を形成しています。希少な絶滅危惧種の自生地もあります。

⑧曽木（そぎ）の滝（鹿児島県伊佐市）

<主に見られる水草>カワゴケソウ，チスジノリ（紅藻類）

<見どころ>川内川の上流部にあたる曽木の滝周辺には，県指定天然記念物のカワゴケソウが生育・繁殖しています。また，国指定天然記念物チスジノリ発生地もあります。

⑨神川大滝（かみかわおおたき）公園（鹿児島県錦江町）

<主に見られる水草>カワゴロモ

<見どころ>大滝公園内の神ノ川清流には，県指定天然記念物になっているカワゴロモが生育・繁殖し，冬には美しい白い花も見られます。

湖　沼

⑩小笠原南島陰陽池（おんみょういけ）（東京都小笠原村）

<主に見られる水草>カワツルモ

<見どころ>無人島の岩山に囲まれた小さな池です。

珊瑚礁ラグーン

⑪沖縄西表島祖納・崎山（沖縄県八重山郡竹富町）

<主に見られる水草>ウミショウブ，ウミヒルモ，リュウキュウスガモ・ベニアマモ

<見どころ>生命感あふれる海草群落です。

⑫沖縄本島備瀬崎（沖縄県国頭郡本部町）

<主に見られる水草>ウミヒルモ，リュウキュウスガモ・ベニアマモ

<見どころ>美しい海中草原です。

湿　原

⑬神仙沼（北海道岩内郡共和町）

<主に見られる水草>ウキミクリ

<見どころ>水面に漂う葉が絵画のように神秘的です。

⑭釧路湿原（釧路市北部から川上郡標茶町，阿寒郡鶴居村，釧路郡釧路町）

<主に見られる水草>ヨシ，スゲ，ヒシ，コウホネなど

<見どころ>湿原内の湖沼では水生植物の種の多様性が高く，生育する量も多いです。

干　潟

⑮富津干潟（千葉県富津市）

<主に見られる水草>アマモ

<見どころ>東京湾で最も大きなアマモ群落が広がる。生物も豊富です。

図 46-1　水草の絶景ポイント地図

①〜⑮は絶景ポイント，A〜F はバイカモやオニバスの名所（**Q47 参照**，225〜226 ページ）を示しています。

バイカモやオニバスが見られる名所はどこですか？

Question 47

Answerer　久原 泰雅

ここでは，清流での美しさが魅力のバイカモと，巨大な浮葉が圧巻のオニバスを比較的手軽に見られる場所をご紹介します。

前ページ「**図 46-1　水草の絶景ポイント地図**」に，場所を示しました。巻頭カラー口絵に一部写真も掲載しています。併せてご参照ください。

バイカモが見られる名所

バイカモはキンポウゲ科の沈水植物で，糸状に分れた扇形の葉を持ち，ウメの花に似た花が咲きます。掌形の浮葉をつけるイチョウバイカモと共に日本固有の水草で，湧水を含む河川に生育することから清流の象徴ともされ，名所となっている地域もあります。

A 地蔵川：滋賀県米原市醒ヶ井を流れる川で，古い町並みの中を流れるバイカモが見どころ。ここに流れる水は日本名水百選にも選ばれており，今でも生活用水として利用されています。

B 柿田川湧水群：静岡県清水町を流れる川で，ここで見られるのはイチョウバイカモ。隣町の発見された場所の地名をとってミシマバイカモとも呼ばれます。ここでは，バイカモだけでなくゲンジボタルやカワセミなど，様々な動植物が息づく自然が観察できます（Q46 参照）。

C 治左（じさ）川：福井県越前市を流れる川で，バイカモに産卵するトミヨと共に市民によって保全活動が行われています。

D 田君（たきみ）川：兵庫県美方郡新温泉町を流れる川で，この地のバイカモは 1965（昭和 40）年頃に絶滅の危機に瀕していましたが，地域住民の活動により保全され，名所となっています。

オニバスが見られる名所

オニバスはスイレン科の浮葉植物で，インドから東アジアに分布し，日本では本州から九州のため池などに見られます。植物全体に鋭いトゲがあり，葉（葉身(ようしん)）の直径は最大2mほどにまで成長します。湿地の減少と共に個体数が減り，現在自生する場所は70か所ほどしかなく，全国で絶滅危惧種Ⅱ類に指定されています。

E 福島潟：新潟県新潟市にある湖沼で，国の天然記念物オオヒシクイの国内最大の飛来地になっているほか，オニバスの生育北限地としても知られています。ここでは，オニバスの他にもアサザやガガブタなど450種もの植物が確認され，多数の湿地性の生物が見られます。

F 十二町潟水郷公園：富山県氷見市にある公園で，1923（大正12）年に「十二町潟鬼蓮発生地」として天然記念物に指定されましたが，その後，絶滅寸前まで個体数を減らしました。しかし，1981（昭和56）年から保全活動に取り組み，今では安定して群落が維持されています。

水草が見られる植物園・水族館はどこですか？

Question 48

Answerer　久原 泰雅

国内外問わず，ほとんどの植物園で水草を見ることができます。ここでは，代表的な植物園をご紹介します。また，水族館の中には，水草を魚などの脇役ではなく，重要なものとして展示しているところもあります。

水草が見られる植物園

①北海道大学植物園

1886 年に開園した日本で 2 番目に古い植物園です。札幌の中心部ですが，開園当時には豊富な湧水が池や小川を作り，樹木がうっそうと生い茂る場所でした。その自然を囲って造られたため，周辺が都市化した現在でも植物園の中央には幽底湖と呼ばれる水域が残っています。幽底湖の木道を歩けばミズバショウやハンノキなど水辺を好む植物が間近に見られ，石狩低地帯の原風景を彷彿とさせます。

【連絡先】 〒 060-0003　北海道札幌市中央区北 3 条西 8 丁目

TEL：011-221-0066 ／ https://www.hokudai.ac.jp/fsc/bg/

②筑波実験植物園

筑波山の南に広がる筑波研究学園都市にあり、国立科学博物館が植物の研究を推進するために設置した植物園です。，園内には多様な自然環境が再現され，水生植物区画では，「山間の沢沿い」「水田・ため池」などの区画に分けて，各環境に適応した水草が植栽されています。また，水生植物温室は，亜熱帯〜熱帯の水草を展示する「熱帯水生植物室」，陸域と海域の境界に生育する植物を展示する「マングローブ室」，水生植物の様々な受粉のしくみを見ることができる「アクアスロープ」で構成されています。数年に一度開催される「水草展」は，必見です。

【連絡先】 〒305-0005　茨城県つくば市天久保 4-1-1

TEL：029-851-5159 ／ http://www.tbg.kahaku.go.jp/

③新潟県立植物園

国内でも有数の花き生産地として知られる新潟市秋葉区にある植物園で，この地域で生産の多いツツジやシャクナゲ，チューリップ，ツバキ，ボタンなどをその歴史と共に保存し，展示しています。水草では，水中庭園と呼ばれる大小６つの水草を展示している水槽があり，新潟県内の水草や海外の水草を形態ごとに展示しています。また，園内の池には，オニバスやミズアオイ，アサザなどの水草を植栽しています。3棟ある展示温室のうちの第２温室では，年８回の企画展示を行っており，夏の食虫植物展や冬のクリスマス展，早春のアザレア，チューリップの展示は国内有数の規模を誇り，人気を博しています。

【連絡先】〒956-0845 新潟市秋葉区金津186

TEL：0250-24-6465 ／ https://botanical.greenery-niigata.or.jp/

④富山県中央植物園

富山市にあり，県内に９施設ある「富山県植物公園ネットワーク」の核となる植物園で，「チューリップ四季彩館」や「氷見市海浜植物園」などを束ねる総合的な植物園です。県内の植物相調査や「富山県植物誌」の改訂を行うなど，県内の野生植物の調査も積極に行っています。園内にはアサザやミズアオイなどの希少な水草が植栽されているほか，夏には大きな葉を持つパラグアイオニバス数十株が園内の池に植栽され日本一の規模を誇ります。パラグアイオニバスは南米原産の浮葉植物で，大きな葉は子供が乗っても沈まないほどの浮力を持つため，夏にはこの葉に子供を乗せるイベントも開催されます。

【連絡先】〒939-2713　富山県富山市婦中町上轡田42

TEL：076-466-4187 ／ http://www.bgtym.org/

⑤草津市立水生植物公園みずの森

数多くの水生植物の宝庫である琵琶湖のほとり，草津市・烏丸半島に位置する植物園で，スイレン池や湿生花園など，園全体が湿地エリアで，水の上を散歩しながらスイレンやハスを中心とした，四季折々の水草を観賞できます。テーマ施設「ロータス館」では，国内外の様々な水草を総合的に学習できます。

【連絡先】〒525-0001　滋賀県草津市下物町 1091 番地
TEL 077-568-2332 ／ http://www.seibu-la.co.jp/mizunomori/

⑥大阪市立大学理学部附属植物園

大阪府交野市にある植物園で，1950（昭和 25）年に大阪市立大学の研究施設として発足。日本産樹木見本園があり，日本の代表的な 11 種類の樹林や「生きている化石」メタセコイアの樹林も造成しています。水生植物の収集・育成にも力を注ぎ，ムジナモなどの絶滅危惧種も展示しています。夏には夜咲き熱帯スイレンの観察会も開催されます。

【連絡先】〒 576-0004 大阪府交野市私市 2000
TEL：072-891-2059 ／ http://www.sci.osaka-cu.ac.jp/biol/botan/

⑦姫路市立手柄山（てがらやま）温室植物園

兵庫県姫路市の手柄山中央公園内にある植物園で，大小２つの温室やハーブ園，ロックガーデンがあり，季節に応じた展示会を年間十数回開催しています。毎年開催される絶滅危惧種展では園で収集保全している植物が数多く展示されており，中でも水草の収集量が多く，200種もの水草が生息地や系統に分けて保存されています。また，姫路市内の市の花であるサギソウが一年中見られるよう，開花調整を行い展示しています。

【連絡先】〒670-0972　姫路市手柄93番地 手柄山中央公園内
TEL：079-296-4300／https://himeji-machishin.jp/ryokka/greenhouse/

⑧高知県立牧野植物園

高知が生んだ「日本の植物分類学の父」牧野富太郎博士の業績を顕彰するため，1958（昭和33）年に開園。五台山の起伏を活かした約6haの園地には西南日本の野生植物を始め，牧野博士命名の植物など約3,000種類が自生地さながらに植栽され，四季を彩ります。牧野博士ゆかりのムジナモやスイタクワイといった日本の水草から南米のオオオニバスの仲間まで，様々な水草もご覧いただけます。夏には「夜の植物園」，秋には「観月会」を開催し，夜咲きの熱帯スイレンやオオオニバスの花の幻想的なライトアップが楽しめます。

【連絡先】〒781-8125 高知県高知市五台山4200-6

TEL：088-882-2601 ／ http://www.makino.or.jp/

水草が見られる水族館

①すみだ水族館

東京都墨田区の東京スカイツリータウン・ソラマチにある水族館で，自然水景と呼ばれるゾーンで水草を使った巨大な水槽が展示されています。ここでは，水を取り巻く自然の風景を水槽の中で再現したネイチャーアクアリウムと呼ばれる手法が取り入れられており，水槽の中で生き生きと育つ水草を見ることができます。

【連絡先】〒131-0045 東京都墨田区押上一丁目1番2号

東京スカイツリータウン・ソラマチ5F・6F

TEL：03-5619-1821 ／ http://www.sumida-aquarium.com/

②アクアマリンふくしま

福島県いわき市の海辺にある水族館で，黒潮と親潮がであう「潮目の海」をテーマにした水族館です。「環境水族館」という名の通り，魚や海獣だけでなく，全てのエリアで陸地から水辺のエリアまでの自然環境が再現されており，水草も数多く展示されています。釣りやバックヤードツアーなどの体験プログラム，裸足になって生き物とふれあえる屋外施設・蛇の目ビーチがあり，様々な体験もできます。

【連絡先】 〒971-8101　福島県いわき市小名浜字辰巳町50

TEL：0246-73-2525 ／ https://www.aquamarine.or.jp/

逸出を防ぐためのルールを教えてください。

Question 49

Answerer　藤井 聖子

ホテイアオイ，オオカナダモ，コカナダモが日本全国で爆発的な繁茂を続けているように，環境が合って，一度野外に定着してしまった生育旺盛な外来種はなかなか完全に駆逐することはできません。今後も世界各国の魅力的な水草を楽しむために，外来水草が野外に逸出しないよう，以下のルールを守っていきましょう。

※逸出(いっしゅつ)とは，抜け出たり，逃れ出ることを言います。

逸出を防ぐためのルール

① その水草が特定外来種や生態系被害防止外来種リストに指定されているかどうかを知りましょう。(Q28 参照)

② 上記に指定されていなくても，旺盛な繁殖・増殖力を持っているか栽培しながら観察し，注意しましょう。特に屋外で水路などと直結している場所で栽培する場合は，より慎重になりましょう。

③ 栽培の際，トリミングや間引きで余った水草は，焼却もしくは埋め立て処理されるゴミに確実に出しましょう。

④ 流し台や洗い場には絶対に捨てないようにしましょう。(下水を通して，逸出する可能性があります)

⑤ 捨てるのがかわいそうだから，といって近所の川や池に植えたり投げ込んだりしないようにしましょう。

⑥ 種子（シダ類，コケ類の胞子含む）や根茎等が含まれる可能性がある植栽用土や砂利も，水草と同じように処理し，野外に放出しないようにしましょう。

[参　考]

●特定外来種の法的規制について

特定外来種に指定された種は，以下のように規制されます。（研究目的などで特別に栽培許可がおりることがあります）。違反内容によっては重い罰則が課せられます

→飼育，栽培，保管および運搬について原則禁止
→輸入が原則禁止
→野外へ放つ，植えるおよびまくことが原則禁止
→許可を受けて保有する者が，許可を受けていない者に対して譲渡し引き渡すこと，および販売することも禁止

※販売や頒布する目的や，不正をして所有していた場合など
・個人の場合懲役３年以下もしくは 300 万円以下の罰金
・法人の場合１億円以下の罰金

※販売目的なしに所有していた場合など
・個人の場合懲役１年以下もしくは 100 万円以下の罰金
・法人の場合５千万円以下の罰金

野外で水草を観察するコツを教えてください。

Question 50

Answerer　田中 法生

本書を読んでいただいた方は，ぜひ野外で水草を観察してみてください。

水草が生育していそうな場所を探して，自分の目で見つけて，手に持って，よく観察してみてください。水草をほとんど知らない人にも，すごくよく知っている人にも，楽しくて奥の深いフィールドワークです。

「湖沼」「水田」「ため池」「湧水（ゆうすい）」「温帯の海」「熱帯の海」それぞれの場所での「見つける方法」を**巻頭カラー口絵**にまとめました。生育環境ごとに，服装や装備，場所の探し方，水草の探し方，観察のポイント，そこで見られる代表的な水草を示してあります。もちろん，ここに書き切れないコツはたくさんありますが，それは専門家であっても千差万別です。基本をおぼえた後は，それぞれ独自のやり方を見つけてみてください。

大切なことは，五感を駆使して水草とその環境を楽しみながら，考えることです。なぜこの水草はここにいるの？，どうやって浮いているの？，どうして流されないの？，この水草の形の意味は？，この水草はどうやって花を咲かせるの？など，何でも疑問をもってみることをおすすめします。

とは言え，まずは難しいことは考えずに，野外の水草を見つけてみてください。その美しさや迫力だけでも，水草観察にはまるきっかけになるはずです。水草観察にいざチャレンジ！

引用・参考文献

Q1，Q2

1）Cook, C. D. K.（1999）The number and kinds of embryo-bearing plants which have become aquatic: a survey. Perspect. Plant Ecol. Evol. Syst. 2/1: 79-102.

2）Magallon, S.（2010）Using fossils to break long branches in molecular dating: A comparison of relaxed clocks applied to the origin of angiosperms. Syst. Biol. 59: 384-399.

3）Hasebe, M., Omori, T., Nakazawa, M., Sano, T., Kato, M. and Iwatsuki, K.（1994）*rbcL* gene sequences provide evidence for the evolutionary lineages of leptosporangiate ferns. PNAS 91: 5730-5734.

4）Janssen, T. and Bremer, K.（2004）The age of major monocot groups inferred from 800+ *rbcL* sequences. Bot. J. Linn. Soc. 146: 385-398.

5）田中法生（2012） 異端の植物「水草」を科学する．ベレ出版.

6）The Plant List（2013）Version 1.1. http://www.theplantlist.org/（2016 年 9 月 1 日参照）.

Q3，Q4

1）田中法生（2012） 異端の植物「水草」を科学する．ベレ出版，pp.56-57

2）山ノ内崇志（2014）異なる時空間スケールにおける河川の水生植物群落の成立機構．高知大学黒潮圏総合科学専攻博士論文，高知大学

Q7

1）角野康郎（2014） ネイチャーガイド 日本の水草．文一総合出版，pp.11-12

2）田中法生（2012）異端の植物「水草」を科学する．ベレ出版 .

3）Chambers, P. A., Spence, D. H. N., Weeke, D. C., 1985. Photocontrol of turion formation by *Potamogeton crispus* L. in the laboratory and natural water. New Phytol. 99: 183-194.

4）角野康郎（1996）トピックス 水草の適応戦略． 週刊朝日百科 植物の世界 125．朝日新聞社．pp.158-160.

Q8，Q9

1）Cook, C. D. K.（1982）Pollination mechanisms in the Hydrocharitaceae. In: Symoens, J. J., Hooper, S., S. and Compere, P. eds. *Studies on aquatic vascular plants*. Roy. Soc. Belgium: Brussels. pp.1-15.

2）Tanaka, N.（2000）Pollination of the genus *Hydrilla*（Hydrocharitaceae）by waterborne pollen grains. Ann. Tsukuba Bot. Gard. 19: 7-12

3）Tanaka, N.（2003）Pollination of the genus *Hydrilla*（Hydrocharitaceae）by waterborne pollen grains: 2. Air bubbles cause the male flower to surface. Ann. Tsukuba Bot. Gard. 22: 143-145.

4）Tanaka, N., Setoguchi, H. and Murata, J.（1997）Phylogeny of the family

Hydrocharitaceae inferred from *rbcL* and *matK* gene sequence data. J. Plant Res. 110: 329-337.
5) Tanaka, N., Uehara, K. and Murata, J. (2003) Correlation between pollen morphology and pollination mechanisms in the Hydrocharitaceae. J. Plant Res. 117: 265-276.
6) Tanaka, N., Uehara, K. and Murata, J. (2013) Evolution of floral traits in relation to pollination mechanisms in Hydrocharitaceae. In: Wilkin, P. and Mayo, S. J. eds. *Early Events in Monocot Evolution*, Cambridge University Press. pp. 162-184.
7) Philbrick, C. T. (1984) Pollen tube growth within vegetative tissues of *Callitriche* Callitrichaceae). Amer. J. Bot. 71: 882-886.

Q10, Q11

1) Tanaka, N., Demise, T., Ishii, M., Shoji, Y. and Nakaoka, M. (2011) Genetic structure and gene flow of eelgrass *Zostera marina* population in Tokyo Bay, Japan: implications for their restoration. Mar. Biol. 158: 871-882.
2) 田中法生（2014）アマモの遺伝的多様性に基づく海草藻場の保全と再生 . 水環境学会誌 . 37(A): 101-105.
3) Smith, A.J.M., van Ruremonde, R. and van der Velde, G. (1989) Seed dispersal of three Nymphaeid macrophytes. Aquat. Bot. 35: 167-180.
4) Ito, Y., Ohi-Toma, T., Murata, J., and Tanaka, N. (2010) Hybridization and polyploidy of an aquatic plant, *Ruppia* (Ruppiaceae) , inferred from plastid and nuclear DNA phylogenies. Amer. J. Bot. 97: 1156-1167.
5) Ito, Y., Ohi-Toma, T., Murata, J., and Tanaka, N. (2013) Comprehensive phylogenetic analysis of the *Ruppia maritima* complex focusing on taxa from the Mediterranean. J. Plant Res. 126: 753-762.
6) Ito, Y., Tanaka, N., Ohi-Toma, T., Murata, J., and Muasya, A.M. (2015) Phylogeny of *Ruppia* (Ruppiaceae) revisited: Molecular and morphological evidence for a new species from Western Cape, South Africa. Syst. Bot. 40: 942-949.
7) Ito, Y., Viljoen, J-A., Tanaka, N., Yano, O. and Muasya, A.M. (2016) Phylogeny of *Isolepis* (Cyperaceae) revisited: non-monophyletic nature of *I. fluitans* sensu lato and resurrection of *I. lenticularis*. Plant. Syst. Evol. 302: 231-238.
8) Ito, Y., Tanaka, N., Garcia-Murillo, p., Muasya, A.M. (2016) A new delimitation of the Afro-Eurasian plant genus *Althenia* (Potamogetonaceae) to include its Australasian relative: evidence from DNA and morphological data. Mol. Phylogenet. Evol. 98: 261-270.
9) Ito, Y., Tanaka, N., Albach, D.C. Barfod, A.S. Oxelman, B. and Muasya. A.M. (2017) Molecular phylogeny of the cosmopolitan aquatic plant genus *Limosella* (Scrophulariaceae) with a particular focus on the origin of the Australasian *L. curdieana*. J. Plant Res. 130: 107-116.

Q12

1）Lemon, G. and Posluszny, U.（2000）Comparative shoot development and evolution in the Lemnaceae. Int. J. Plant Sci. 161: 733–748.

Q13

1）Fahn A.（1990）Plant anatomy. 4th edn. Oxford: Pergamon.

Q14，Q15

1）小宮定志（1994）食虫植物その不思議を探る．食研事業出版．pp.41.
2）田中法生（2012）異端の植物「水草を科学する」．ベレ出版．pp.95.
3）小宮定志（1996）花アルバム食虫植物．82．誠文堂新光社.
4）角野康郎（2014）ネイチャーガイド 日本の水草．文一総合出版．pp.289.
5）環境省（2014）レッドリストのカテゴリー（ランク） http://www.env.go.jp/nature/kisho/hozen/redlist/rank.html（2016 年 10 月 15 日参照）.

Q16，Q17

1）Overton, E.（1899）Experiments on the autumn colouring of plants. Nature. 59: 296.
2）Momose, T., Ozeki, Y.（2013）Regulatory effect of stems on sucrose-induced chlorophyll degradation and anthocyanin synthesis in *Egeria densa* leaves. J. Plant Res. 126: 859–867.
3）BBC. Colombia's 'Liquid Rainbow'. http://www.bbc.com/travel/story/20140903-colombias-liquid-rainbow（2017 年 12 月 31 日参照）.

Q18，Q19，Q20

1）福原敏行（2012）海草アマモ：海に適応した種子植物．生物科学　63, 230-237.
2）環境省（2017）レッドリスト 2017.

Q21

1）山ノ内崇志．2014．異なる時空間スケールにおける河川の水生植物群落の成立機構．高知大学黒潮圏総合科学専攻博士論文，高知大学.
2）角野康郎．1982．水草と pH（2）．水草研究会報 8. 8–10.

Q22，Q23

1）髙石雅樹，大嶋宏誌，浅野　哲（2015）足尾銅山が引き起こした鉱害における環境およびヒトへの影響．国際医療福祉大学学会誌．20.
2）環境省（2016）平成 27 年度公共用水域水質測定結果．環境省水大気環境局.
3）国土交通省河川局河川環境課（2010）自然の浄化力を活用した新たな水質改善手法に関する資料集（案）.
4）環境省（2012）アオコってなに？―ラン藻の大発生についてもっと知るために―．中野伸一・田中拓弥監修，京都大学生態学研究センター.
5）農林水産省（2012）農業用貯水施設におけるアオコ対応参考図書．農村振興局農村環境課
6）Barbier, E. B. Acreman, M. and Knowler, D.（1997）Economic valuation of wetlands. A guide for policy makers and planners. Ramsar Convention Bureau.

Gland, Switzerland.
7）上原達弥，山室真澄（2015）アサザとヨシから溶出する有機炭素量とその分画．陸水学会誌．76: p. 1-10.
8）松井繁幸，岩澤敏幸，池谷守司（2009）佐鳴湖ヨシの水質浄化機能と刈り取り後の飼料利用技術．静岡県畜産技術研究所中小家畜研究センター研究報告．2：35-42.
9）田中法生（2012）異端の植物「水草」を科学する．ベレ出版．
10）沖　陽子（1990）ホテイアオイの防除と利用に関する基礎研究．雑草研究．35: 231-238.
11）亀田郷農業水利事業建設所（2008）芦沼略紀 －亀田郷・未来への礎．第 4 章．亀田郷農業水利事業建設所．
12）山室真澄（2000）食物連鎖を利用した水質浄化機能の定量化．水環境学会誌．23: 710-715

Q24，Q25

1）角野康郎（2014）ネイチャーガイド 日本の水草．文一総合出版．
2）環境省自然環境局野生生物課希少種保全推進室（2018）環境省レッドリスト 2018 掲載種数表（別添資料 4）
3）環境省自然環境局野生生物課（2011）絶滅する前にできること　絶滅危惧種の生息域外保全．（財）自然環境研究センター編．
4）田中法生（2012）異端の植物「水草」を科学する．ベレ出版．

Q26，Q27

1）環境省自然環境局野生生物課希少種保全推進室（2015）レッドデータブック 2014．日本の絶滅のおそれのある野生生物 8．植物 I（維管束植物）．ぎょうせい．
2）Dugan, P. J.（1990）Wetland Conservation: A Review of Current Issues and Required Action. IUCN-The World Conservation Union.
3）Davidson, N. C.（2014）How much wetland has the world lost? Long-term and recent trends in global wetland area. Mar. Freshwater Res. 65: 934-941.
4）国土地理院．日本全国の湿地面積変化の調査結果．http://www.gsi.go.jp/kankyochiri/shicchimenseki2.html.（2017 年 12 月 27 日参照）.
5）広田純一（1999）戦後の水田経営形態の変化と圃場整備方式の展開．農土誌．67．963-968.
6）環境省．第 2 の危機．http://www.biodic.go.jp/biodivercity/about/biodiv_crisis.html.（2018 年 8 月 24 日参照）
7）石井　升（1999）佐潟の現状と課題．新潟応用地質研究会誌．52. 9-20
8）石田真也，高野瀬洋一郎，紙谷智彦（2014）新潟県越後平野の水田地帯に出現する水湿生植物：土地利用タイプ間における種数と種組成の相違．保全生態学研究．19 pp.119-138.
9）鷲谷いづみ，飯島　博（1999）よみがえれアサザ咲く水辺－霞ヶ浦からの挑戦，文一総合出版．

Q28，Q29

1）環境省　日本の外来種対策　https://www.env.go.jp/nature/intro/index.html

Q30

1）Tanaka, N., Tamaki, H., Muraoka, D., Tokuoka, M., Sakamoto, S., Komatsu, T. and Nakaoka, M. Impact of the Great East Japan Earthquake and Tsunami on the abundance and genetic diversity of seagrass beds along the northeastern coast of Japan. In: Kogure, k., Hirose, M., Kitazato, K., and Kijima, A., eds. *Marine Ecosystems after Great East Japan Earthquake in 2011*. Tokai University Press, Kanagawa.

Q31，Q32

1）Darlington, H. T. and Steinbauer, G. P.（1961）The eighty-year period for Dr. Beal's seed viability experiment. Amer. Jour. Bot. 48: 321-325.

2）長島時子（2001）800 年前のハス（中尊寺ハス）の開花．恵泉女学園短期大学園芸生活学科 研究紀要．32. 1-17.

3）百原　新，上原浩一，田中法生（2001）埋土種子を利用した手賀沼の水辺植生の再生．（財）双葉電子記念財団年報 7．173-178.

4）古原　洋，万　小春，赤井賢成，汪　光熙（2011）総説　雑草モノグラフ 7. ミズアオイ（Monochoria korsakowii Regel et Maack）．雑草研究．56. pp.166-181.

5）新潟市（2014）佐潟周辺自然環境保全計画．平成 26 年 3 月改定．新潟市．

6）石月　升（1999）佐潟の現状と課題．新潟応用地質研究会，新潟応用地質研究会誌．52: 9-20.

7）環境省，農林水産省，国土交通省（2015）自然再生推進法のあらまし～パンフレット～（平成 27 年 3 月改訂版）.

8）尾崎富衛（1982）佐潟の自然（植物部門）―オニバス保護を中心として―新潟市文化財調査報告書 : 12-42.

9）日鷹一雅（1998）水田における生物多様性保全と環境修復型農法．日本生態学雑誌 48. 167-178.

10）Elphick, C. S. and Oring, L. W.（1998）Winter management of Californian rice fields for waterbirds. Journal of Applied Ecology. 35: 95-108.

11）久原泰雅（2017）佐潟でのヨシ刈りによるヨシの成長および「ど」の復元に伴う植生の変化について．平成 28 年度 新潟市潟環境研究所 研究成果報告書．新潟市 地域・魅力想像部 潟研究所事務局．pp.92-102.

Q33

1）芦澤正和，梶浦一郎，平　宏和，竹内昌昭，中井博康（監修）（1996）食品図鑑．女子栄養大学出版部．

2）原島広至（著），伊藤美千穂，北山　隆（監修）（2007）生薬単．株式会社エヌ・ティー・エス．

3）Institute of Botany, Academia Sinica（ed.）（1992）China Plant Red Data Book—Rare and Endangered Plants Vol. 1. Science Press, Beijing.

4）柏岡精三，荻巣樹徳 （1997）絵で見る伝統園芸植物と文化．柏岡精三．
5）木村康一，木村孟淳 （1981） 原色日本薬用植物図鑑．保育社．
6）中西 進（監修・文），熊田達夫（写真・植物解説），清水章雄（文）（1995）花の万葉秀歌．山と溪谷社．
7）魯 元学，管 開雲 （2013） 雲南の植物食に見られる文化多様性．山口裕文（編著）栽培植物の自然史Ⅱ．北海道大学出版会．pp. 291-336.
8）指田 豊，木原 浩 （2013）身近な薬用植物．平凡社．
9）小学館（編）（1995） 食材図典．小学館．
10）ウィキペディアの執筆者（2016） 葛飾北斎．ウィキペディア日本語版．https://ja.wikipedia.org/w/index.php?title=%E8%91%9B%E9%A3%BE%E5%8C%97%E6%96%8E&oldid=62174860 （2016 年 12 月 4 日参照）

Q34，Q35，Q36

1）木村光子，工藤孝浩（2011）神奈川県・瀬戸神社の「無垢塩祓ひ」神事とアマモ．藻類．59：149-152.
2）印南敏秀（2010）里海の生活誌：文化資源としての藻と松．みずのわ出版．
3）新潟県豊栄市立博物館（1977）福島潟の植物-習俗への利用．

Q37，Q38，Q39

1）伊藤元己（1997）ハス科．朝日百科植物の世界 9．朝日新聞社．pp.18-21.
2）田中法生（2012）異端の植物「水草」を科学する．ベレ出版．pp.307.
3）伊藤元己（1997）スイレン．朝日百科植物の世界 9．朝日新聞社．pp.8-10.
4）伊藤元己（1997）スイレンの園芸品種．朝日百科植物の世界 9：朝日新聞社．pp.10-13.
5）宮川浩一（2002）「睡蓮 蓮のご紹介」．http://www.h3.dion.ne.jp/~lotuses/plants-intro.html（2016 年 10 月 15 日参照）
6）田中伸幸（2015）アヤメ科．大橋広好ら（編）．改訂新版 日本の野生植物 1．平凡社．pp.235
7）角野康郎（2014）ネイチャーガイド 日本の水草．文一総合出版．pp.147-148.

Q43

1）田中法生，久原泰雅，厚井 聡，藤井聖子，川住清貴，中田政司（2016）栽培困難水生生物の育成方法の開発．日本植物園協会誌．51：61-64.

Q44，Q45

1）佐藤恵子（1999）「ビオトープ」はヘッケルの造語ではない！：ヘッケルとダールの原典に基づく「ビオトープ」という言葉の由来についての検討．東海大学総合教育センター紀要．28：33-43.
2）一ノ瀬友博（1999） ドイツにみる自然と共存するまちづくりとその日本への展開．生活衛生．43：168.

索 引

【あ行】

アオコ　105,123
アカウキクサ　7
赤潮　105
アカバナヒツジグサ　24
アギナシ　154
アクアマリンふくしま　230
アサザ　15,127
安曇野湧水群　221
アヌビアス・ナナ　203
アブノメ　220
アマモ　88,94
アヤメ　185
アントシアニン　77
異形葉　29
一年草　31
イチョウバイカモ　221
遺伝的多様性　142,146,215
イトモ　33
イヌタヌキモ　76
西表島　223
浮稲　163
ウキヤガラ　78
ウミショウブ　90
栄養塩類　103
栄養成長　142
腋芽　62
越年草　31
延喜式　158
オオアカウキクサ　123
オオオニバス　30,59
オオカナダモ　25,50,79,131,232
大賀一郎　148
大賀ハス　34,148,149
オオクログワイ　78,161
大阪市立大学理学部附属植物園　229
オオタヌキモ　75
オオヒシクイ　226
オオフサモ　125
忍野八海　221
雄しべ　92
オニバス　31,32,222
オニビシ　64
雄花　91,92
温帯スイレン　181
陰陽池　222

【か行】

外花被片　185
塊茎　31,32
海菜花　161
海草　85,100
海藻　85
海洋島　54
外来種　131,216
外来生物　125
外来生物法　134
海流　93
ガガブタ　37
柿田川湧水群　222,225
カキツバタ　185
攪乱　33,121,128,143
隔離　10
果実　52
ガシャモク　123,153,217
仮種皮　52
霞ヶ浦　127
風散布　51
花托　148,160,184
潟普請　155
花被　91
花被片　39
花粉　39
花粉水面媒　42
ガマ　163

神川大滝公園　222
カロテノイド　77
カワゴケソウ科　81
カワゴロモ　65,81
カワヂシャ　125
乾田化　122
管理放棄　124
キクモ　4,28
気孔　15
キツネノボタン　4
キバナバス　179
キャノ・クリスタル　81
切れ藻　50,138
草津市立水生植物公園みずの森
229
釧路湿原　223
クチクラ層　16
グラスアクアリウム　191,196
黒慈姑（クログワイ）　161
黒穂菌　162
クロモ　37,154
クロロフィル　77
クワイ（慈姑）　31,32,160
茎頂分裂組織　61
系統樹　3
検見川の大賀蓮　149
堅果　150
光合成　42
高知県立牧野植物園　230
コウホネ　15,29,163
紅葉　77
コカナダモ　25,50,134,232
コガマ　163
国際自然保護連合　114,133
国内外来種　132
コケ植物　2
コシガヤホシクサ　117
古代ハス　148
コナギ　188
根端分裂組織　61

【さ行】

栽培保全　205
在来種　216
佐潟　105,124,153
ササバモ　166
サジオモダカ　163
里潟　154
里地里山　124
醒ヶ井　225
サンショウモ　7,123
シードバンク　217
治佐川　225
地蔵川　225
シソクサ　220
シダ植物　2
シナクログワイ　161
重炭酸イオン　17
シュート　32,33,83
十二町潟水郷公園　226
主根　61
種子　50
種子散布　51
種子植物　2
受粉　90
ジュンサイ　158
準絶滅危惧種　205
ショウブ　124,164,173,185
菖蒲湯　164,186
殖芽　31,37,50
食虫植物　67
食中水草　67,68
植物プランクトン　104
除草剤　123
ジョレン掻き　110,124,155
シログワイ　161
シロネ　78
神仙沼　223
侵略的外来種　133
水質汚濁　103,123
水質浄化　107,108

水中媒　42
水媒　47
水面媒　42
水面浮遊植物　26
スイレン　180
スイレン属　182
スガモ　90,171
スジヌマハリイ　155,156
すみだ水族館　230
生活形　108
生活史　128
生息域外保全　128,205
生息域外保全モデル事業　118
生息域内保全　128
生態系サービス　107,114
生態系被害防止リスト　135
生物多様性保全　127,128
世界最古の花　148
セキショウ　164
セキショウモ　25
絶滅　111
絶滅危惧種　74,205
セリ　158
川骨　164
送粉　42
曽木の滝　222
側根　61

【た行】

ダーウィン　54
田君川　226
沢瀉　163
タコノアシ　78
脱分化　63
タヌキモ　37
タヌキモ類　70,76.124
多年草　31
ダルゼリア　65
地下茎　63
千歳川　221
チトセバイカモ　123
中央脈　186
抽水形　28
抽水植物　15,22,108,185
柱頭　46
虫媒　39
潮間帯　100
沈水形　28
沈水植物　16,25,109
沈水浮遊植物　26
沈水葉　41
筑波実験植物園　227
テルニオプシス　65
デンジソウ　123,125,154
ど　155
トウビシ　159
特定外来種　130
特定外来生物　134
土壌散布体バンク　33
土壌シードバンク　33,152
トチカガミ　154
トトラ　171
トミヨ　225
富山県中央植物園　228
鳥散布　51

【な行】

ナギ　158
新潟県立植物園　228
二酸化炭素　207
二千年蓮　149
ニムファエア・カエルレア　198
ニムファエア・ギガンティア　181
ニムファエア・ロトゥス　24
乳頭状突起　182
ヌナワ　158
根　50
ネイチャーアクアリウム　230
熱帯スイレン　181
ノタヌキモ　75
ノハナショウブ　185

【は行】

バイカモ　4,36,206,221
ハイドロディスカス・コヤマエ　82
ハイドロブリウム・ベルコスム　84
バクテリア　104
ハゴロモモ　41
ハス　15,23,63,149,159,179,183
はちす（ハチス）　150,184
馬蹄　161
ハナショウブ　185
花瀬　81
花瀬出張い　81
バナナプラント　35
花蓮　160
パピルス　172
パラグアイオニバス　228
半抽水植物　23
氾濫原　121
ビオトープ　137,213
ビオトープネットワーク　214
東播磨ため池群　222
ヒシ　64,159
被子植物　2,8
備瀬崎　223
ヒツジグサ　15,24,40,181
ヒメガマ　163
姫路市立手柄山温室植物園　229
ヒメバイカモ　123
ヒメミズワラビ　126,127,155,156
ヒメミソハギ　220
プーカオクワイ国立公園　82
風媒　39
富栄養化　103
福島潟　226
フサタヌキモ　72,74
富津干潟　223
不定芽　62
不定根　62
浮遊植物　15,26,108
浮葉　41
浮葉植物　15,24,109
フリードリヒ・ダール　213
胞子　50
蒲黄　163
ホザキキカシグサ　28
ホシクサ　220
ボタンウキクサ　135
捕虫嚢　70,71
捕虫葉　69
北海道大学植物園　227
ホテイアオイ　15,26,109,131,232
本草図譜　160

【ま行】

埋土種子　33,36,143,153,156,217
埋土種子集団　152
埋土胞子　33
マカレニア・クラビゲラ　82
牧野富太郎博士　69,230
マコモ　78,124
マコモタケ（真菰筍）　162
マツモ　37
マルバノサワトウガラシ　126
万葉集　158
ミクリ　63
ミシマバイカモ　222
ミジンコウキクサ　59
ミズアオイ　142,152,153,155,156
ミズオオバコ　25,123,142
水散布　51
ミズニラ　7
ミズハコベ　48
ミズマツバ　126
ミソハギ　78
ミゾハコベ　220
未分化　63
明神池　221
ムジナモ　26,68,123
雌しべ　90
目（もく）　3

【や行】

葯　48
野生復帰　118
ヤナギタデ　78
ヤナギトラノオ　156
湧水　142
雄性花水面媒　45
遊離炭酸　17
葉状体　60
葉身　166,188
葉柄　59,166
葉緑体　77
ヨーロピアンフロッグビット　79
ヨシ　124
ヨシ原　155

【ら・わ行】

ラトゥール・マーリヤック　181
ラムサール条約　122
ラムサール条約湿地　153,154
藍藻類　105
陸上植物　10
硫化水素　106
リュウキュウスガモ　46
両性植物　16,23
ルドウィジア・アルクアタ　28
レッドリスト　74,111,114
レンコン（蓮根）
31,63,159,179,183
連実　160
連肉　160
ロータス効果　182
ロゼット状　65
湧玉池　221
渡り鳥　54

【欧文】

biotop　213
Cano Cristales　81
Critically Endangered（CR）　115
Dalzellia　65
Data Deficient（DD）　116
DNA　44
Endangered（EN）　115
Extinct in the Wild（EW）　115
Extinct（EX）　115
Hydrobryum　65
Hydrobryum verrucosum　84
Hydrocharis morsus-ranae　79
Hydrodiscus koyamae　83
IUCN　114,133
Ludwigia arcuata　28
Macarenia clavigera　82
Near Threatened（NT）　116
NPO 法人アクアキャンプ　119
Nymphaea caerulea　198
Nymphaea lotus　24,198
Nymphaea rubra　24
Polypleurum wallichii　64
soil diaspore bank　33
soil seed bank　33
Terniopsis　65
Vulnerable（VU）　116

執筆者略歴（五十音順）

水草保全ネットワーク

危機的な状況にある日本の水草の生息域外保全を効率的にかつ強力に推進し，その資源を研究・教育・自然再生などに有効利用することを目的に，2007 年に発足。監修者：田中法生がその代表を務める。

現在は，北海道大学北方生物圏フィールド科学センター植物園，新潟県立植物園，富山県中央植物園，国立科学博物館筑波実験植物園，草津市立水生植物公園みずの森，大阪市立大学理学部附属植物園，姫路市立手柄山温室植物園，高知県立牧野植物園で構成されている。

本書は，ネットワークに参加する下記の通り田中ほか，川住清貴，久原泰雅，厚井　聡，中田政司，藤井聖子の計 6 名による共同執筆である。

川住　清貴（かわずみ　きよたか）

1978 年生まれ。日本大学生物資源科学部生物環境工学科卒業，富山県中央植物園栽培展示課技能主事。2 級ビオトープ計画管理士。雑誌『自然人』36 号～ 55 号（橋本確文堂）の「自然人あんぐる」のコーナーで富山の水生植物に関するコラムを連載。ライフワークはため池巡りと水田雑草の栽培。

久原　泰雅（くはら　たいが）

1974 年，大阪府生まれ。新潟県立植物園植物課課長代理。修士（理学）。専門は，進化生物学，送粉生態学，繁殖生態学。絶滅危惧種の保全活動や環境保全活動も行う。

厚井　　聡（こうい　さとし）

1977 年，広島県生まれ。大阪市立大学理学部附属植物園講師。東京大学大学院理学系研究科博士課程修了，博士（理学）。専門はカワゴケソウ科の分類・進化。近年は，ラオスに分布する種を中心に研究。

田中　法生（たなか　のりお）

1970 年，東京都生まれ。国立科学博物館 植物研究部 多様性解析・保全グループ研究主幹。筑波実験植物園研究員を兼任。博士（理学）。水草保全ネットワーク代表。専門は，水草の進化，分布拡散，遺伝的構造。水草の保全研究にも取り組む。著書に，『異端の植物「水草」を科学する－水草はなぜ水中を生きるのか？』（ベレ出版），分担執筆に『改訂新

版 日本の野生植物 1，5』（平凡社），『新しい植物分類学 1』（講談社）などがある。

中田　政司（なかた　まさし）

1956年，愛媛県生まれ。富山県中央植物園園長。博士（理学）。専門は植物細胞分類学，植物細胞遺伝学。平成8年に行われた常願寺川水系の用水路生態系調査以来水草に関わる。分担執筆に『とやま植物物語』（シー・エー・ピー），『外来種ハンドブック』（地人書館），『レッドデータプランツ』（山と渓谷社），『日本の有毒植物』（学研），『日本の植物園』（日本植物園協会），『改訂新版 日本の野生植物 5』（平凡社）など。

藤井　聖子（ふじい　せいこ）

1980年，大阪府生まれ。高知県立牧野植物園栽培技術課教育普及園管理班長。樹木医・学芸員。東京農業大学農学部農学科卒，神戸大学大学院理学系研究科博士前期課程修了。月刊誌『趣味の山野草』（栃の葉書房）にて不定期に四国の野生植物を紹介。共著書『山野草・栽培全書』（近代出版）では水草を担当。趣味は野生植物の自生地巡りと栽培。

みんなが知りたいシリーズ⑩
水草の疑問50

定価はカバーに表示してあります。

2018年10月28日　初版発行

監修者　国立科学博物館筑波実験植物園　田中法生
著　者　水草保全ネットワーク
発行者　小川典子
印　刷　三和印刷株式会社
製　本　東京美術紙工協業組合

発行所　株式会社　成山堂書店

〒160-0012 東京都新宿区南元町4番51 成山堂ビル
TEL：03（3357）5861　　FAX：03（3357）5867
URL　http://www.seizando.co.jp
落丁・乱丁本はお取り換えいたしますので，小社営業チーム宛にお送りください。

ISBN978-4-425-98331-5